超高产株型 高产株型

棉花株型图

苗 期 蕾 期

棉花株型及根系分布图

对 照　　　　　缺 氮　　　　　缺 磷

缺 钾　　　　　缺 硼　　　　　缺 镁

棉花几种主要元素缺乏症状图

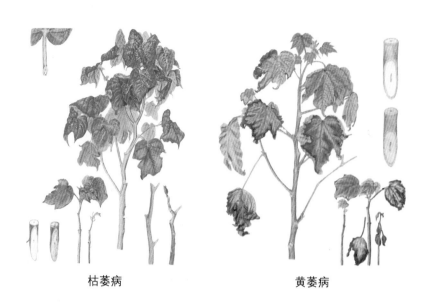

枯萎病　　　　　　　　　　黄萎病

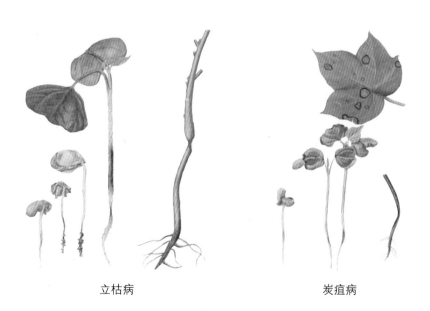

立枯病　　　　　　　　　　炭疽病

棉花病害症状图（一）

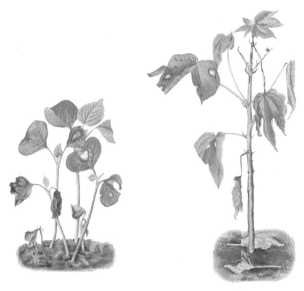

茎枯病

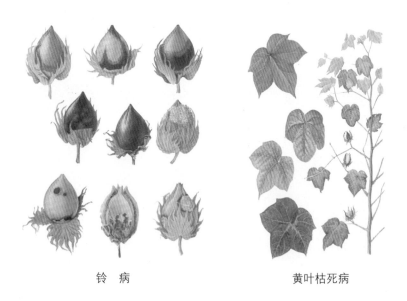

铃　病　　　　　　　黄叶枯死病

棉花病害症状图（二）

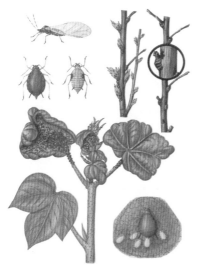

棉　蚜

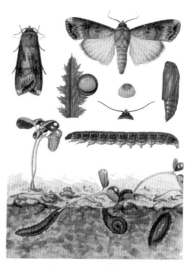

小地老虎

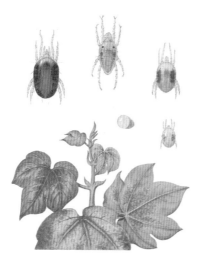

棉叶螨

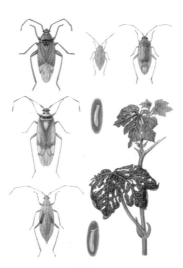

棉盲蝽

棉花害虫形态图（一）

棉蓟马

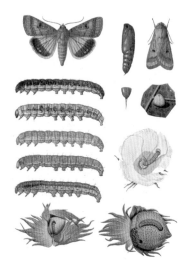

棉铃虫

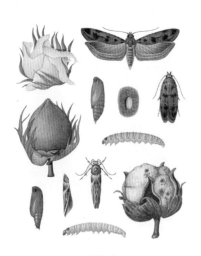

红铃虫

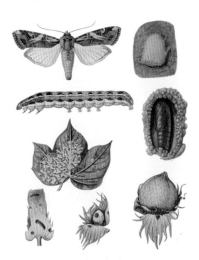

斜纹夜蛾

棉花害虫形态图（二）

长江中下游地区

棉花超高产栽培理论与实践

陈齐炼　徐会华　编著

中国农业出版社

序

棉花是关系国计民生的重要物资，也是我国主要的经济作物，随着我国棉花纺织工业的快速发展和人们对天然纤维纺织品需求的不断增加，棉纺织品的市场前景和出口创汇的优势地位更加突出。长江中下游棉区是我国优质棉的优势产区，棉花的单产潜力很大，品质优势显著，棉花一直是该区的主要经济作物之一，是该区农民收入的重要来源。

江西地处长江中下游，属中亚热带季风湿润气候，光照充足、雨量充沛、无霜期长，四季分明，十分适宜棉花生长，是全国优质棉优势产区和商品棉生产基地。几十年来，江西植棉技术不断创新，全省棉花生产虽然规模不大，但是单产和品质在全国一直处于先进水平。近几年，在赣北棉区涌现出了许多亩*产籽棉突破 500 千克、亩产皮棉过 200 千克的超高产典型。这些植棉超高产典型的理论和经验值得总结和推广。

作者棉区出生、棉区长大，大学毕业后，一直在江西棉花主产区生产第一线，从事棉花生产技术推广工作 20 多年，具有厚实的理论功底和丰富的实践经验。《长江中下游地区棉花超高产栽培理论与实践》凝聚了作者多年的心血。

---

* "亩"为非法定计量单位。1 亩＝667 米^2，1 公顷＝15 亩。

本书从生产实践典型中探索理论、总结经验，又用理论指导实践，特别是典型实例令人信服。我有幸首先阅读此书，感触甚多。我认为，本书融科学性、理论性、实践性、可操作性、地方特色性于一体，不失为一部适合于从事棉花教学、科研及技术推广人员使用的工具书，特别是对指导长江流域棉区实现高产高效具有重要的参考价值。

程　锦

2007 年 11 月 28 日

前　言

　　棉花是国民经济发展的重要物资，随着我国加入世界贸易组织，棉纺织品出口量的逐年增加，棉花在我国国民经济中的地位逐渐上升。棉花经济效益日益明显，植棉面积不断扩大，棉花单产稳步提高。特别是长江中下游棉区，土地肥沃，气候适宜，光热资源充沛，灌溉条件优越，植棉经验丰富，生产基础扎实，是我国优质陆地棉优势产区。加上抗虫杂交棉大面积推广应用，棉花生产水平出现了新的飞跃，涌现出了一大批棉花超高产典型。因此，探讨和推广棉花超高产栽培技术，对促进本地区棉花生产平衡发展，具有十分重要的意义。

　　本书从棉花的生长发育规律和最大限度地利用长江中下游棉区资源优势出发，提出棉花超高产栽培，并分析总结了鄱阳湖地区棉花超高产栽培的示范实例，目的在于为促进长江中下游棉区棉花生产的快速发展提供理论依据和实践经验。

　　在构思到成稿期间，征纳了江西省农业厅经济作物局和农业技术推广总站专家的宝贵意见，成稿后江西农业大学农学院黄完基教授又进行了全面修改，在此深表感谢！

因编写时间仓促，加上水平有限，书中难免存在讹误和不当之处，恳望广大读者批评指正。

编　者

2007 年 11 月

目　　录

第一章 棉花超高产栽培的基础知识

　　长江中下游棉区，是我国优质陆地棉优势产区。新中国成立以来，该区的棉花生产经过了四次较大的技术革命：20世纪50年代，成功实现了陆地棉品种（岱字棉15）全面取代土棉（中棉）品种，使棉花单产和品质实现了第一次飞跃；20世纪80年代初，大面积推广普及棉花营养钵育苗移栽，不仅成功地解决了"保苗难"的问题，而且还较好地缓和了棉、油争季节的矛盾，提高了棉苗素质，优化了棉区耕作制度，实现了棉、油双丰收；20世纪90年代初，大面积推广棉花全程化学调控技术，较好地协调了营养生长和生殖生长之间的矛盾，有效地克服了棉花的"高、大、空"现象，棉花单产明显提高；20世纪90年代末，成功地实现了由抗虫杂交棉品种全面取代常规陆地棉品种，使棉花单产、品质和效益实现了同步提高。这四次技术革命，对当时的棉花生产均起到了非常大的促进作用，皮棉单产也由新中国成立初期的不足10千克/亩提高到2006年的100千克/亩以上。

　　为了进一步探求棉花高产更高产的技术途径，21世纪以来，全国各地都在纷纷开展棉花超高产栽培技术探讨，特别是长江中下游棉区，由于生态条件良好，植棉经验丰富，生产基础扎实，棉花超高产栽培试验示范取得了突破性进展，不少地方出现了亩产皮棉超200千克的高产田块、超175千克的高产农户、超150千克的高产垄坂。

　　棉花超高产栽培，是当前棉花生产的发展方向和必然要求。探讨和推广棉花超高产栽培技术，是当前棉区农业技术工作者的神圣使命。

第一节　棉花超高产栽培的
概念、特点及指标

一、棉花超高产栽培的概念

所谓棉花超高产栽培，就是通过综合技术措施，最大限度地利用棉花的丰产特性，最大限度地利用棉区的自然资源，实现棉花单产最大限度的提高，并生产出适合国内外纺织需要的原棉，实现棉花产量、品质和效益的同步提高。具体地说，棉花超高产栽培，是以杂交抗虫棉良种为技术载体，以节本增效为技术目标，把传统栽培技术与现代生物科学等综合技术相结合，通过配方施肥、科学管水、化学调控、综合防治病虫草害等技术措施，塑造理想株型，在最高生物学产量的基础上提高经济系数，优化结铃模式，实现产量、品质与效益的同步提升。

二、棉花超高产栽培综合技术措施应用的特点

在棉花超高产栽培的过程中，把传统栽培技术与现代生物科学技术紧密结合应用于生产实践，其特点和目的有二。

(一) 要最大限度利用棉花丰产特性

在棉花生育特性中，有很多方面表现出棉花具有巨大的增产潜力，这些丰产特性主要包括棉花的高光合效能特性、棉花的无限生长特性、棉花的营养生长与生殖生长重叠特性、棉花的株型可塑特性和棉花的广泛适应特性。在棉花超高产栽培过程中，要制定和采取相应的栽培措施，以最大限度地利用棉花的这些丰产特性。

（二）要最大限度利用棉区自然资源

长江中下游棉区，光照充足，热量丰富，雨量充沛，气候宜人，无霜期长，棉田土层深厚，土质肥沃，灌溉条件良好，是实现棉花超高产栽培优势区域，在生产上要用综合技术充分利用好这些有利的自然资源，才可能实现超高产。

三、棉花超高产栽培的产量、品质和效益指标

（一）棉花超高栽培的产量指标

产量指标分高产田和超高产田二类。

高产田：长江流域棉区亩产籽棉在 400 千克以下，皮棉在150 千克以下。

超高产田：长江流域棉区亩产籽棉在 400 千克以上，皮棉在150 千克以上。

（二）棉花超高产栽培的品质指标

棉花高产栽培纤维主要品质指标：2.5％跨长达 29 毫米以上、马克隆值在 3.5～4.9 之间、单纤维比强度在 25cN/tex（HVICC 水准）以上。

棉花超高产栽培纤维主要品质指标：2.5％跨长达 31 毫米以上、马克隆值在 3.5～4.9 之间、单纤维比强度在 28cN/tex（HVICC 水准）以上。

（三）棉花超高产栽培的效益指标

棉花高产栽培和棉花超高产栽培技术经验以往总结得不少，既有小面积的，也有大面积的。但是，有些经验老是停留在总结的水平上，推广不开。在生产实践中推广不开的经验，究其原因

很多，但主要的不外乎两条：一是由于这些经验本身科学上的根据不足；二是在实际运用时从经济上考虑不合算。因此，棉花超高产栽培的效益评价指标，必须从投入与产出两个方面来考虑。正常情况下，超高产棉花的投入与产出比应达到1：5以上。

第二节　棉花超高产栽培所面临的技术问题

目前，生产上制约棉花产量和品质提高的因素主要有三个方面，一是内在的品种遗传性，二是外在的环境条件，三是栽培技术。但是，不同的产量水平所面临的技术问题也有差别。主要分高产栽培和超高产栽培二类。

一、棉花高产栽培所面临的技术问题

当前，棉花生产普遍存在的问题是抵御自然灾害的能力较弱、农田基础设施建设较差、高产稳产棉田面积比例不大。除此之外，棉花高产栽培面临的技术问题有6个。

(一) 品种不达标

使用优质抗虫杂交棉种子是实现棉花超高产栽培的首要技术环节，抗虫杂交棉品种的推广，使长江中下游棉区的棉花单产有了显著提高。但目前种子市场异常活跃，竞争十分激烈，棉花种子琳琅满目、种类繁多，一个县甚至一个乡的种子市场上，同时会出现十几个甚至几十个棉花品种，多、乱、杂现象十分严重，根本谈不上主导品种的地位问题，更不用谈种子的区域化布局。受棉花种子高额利润的驱动，以假冒真、以次充好的现象实不少见，纯度低、质量差、价格高，真正纯度达标、质量可靠的抗虫杂交棉（F_1）良种确实不多。

（二）密度不合理

从当前棉花生产情况看，棉花的栽种密度存在两个方面问题：一是有不少地方棉花的栽种密度过于偏低，有相当部分棉田的种植密度不足 1 200 株/亩，个别田块甚至不足 1 000 株/亩，导致棉田群体结构不合理，棉田的总光合面积不足；二是行株距配置不合理，不少地方行距偏小、株距偏大，有的甚至是正方形栽种，致使棉田通风透光条件差，既不利于高产，也不利于优质。

（三）施肥不规范

通过对棉区的生产调查情况看，有相当一部分棉农施肥极不规范，施肥的随意性太大，盲目施肥的现象比较突出。表现最为普遍有两个方面：一是肥料元素搭配不合理，偏施氮肥现象比较普遍，缺钾、缺硼现象比较突出，有相当部分棉田的钾肥施用量不足 15 千克/亩，近年来棉花的黄叶枯死病有明显上升的趋势，与棉田钾肥施用量不足关系非常密切，还有不少棉农没有施硼的概念，棉田缺硼现象非常明显；二是运筹不科学，各生育阶段的肥料分配不合理，没有按照棉花各阶段的需肥特性进行施肥，最值得注意的有两个方面：一方面是氮肥不能施得过早，前期氮肥施用的比例不能过大，否则难于实现稳长增蕾的技术目标。另一方面是中后期除了以尿素攻桃为主以外，还要适当增施钾肥和一些速效磷肥，及时进行叶面喷硼（速乐硼）以提高棉花的结铃率。

（四）灌溉不及时

棉花是较耐旱的作物，但也是需水较多的作物，在棉花的一生中，当遇干旱时要及时灌溉。从棉花生产现状看，大多数棉农的棉田灌溉是被动的，没有建立棉田科学灌溉的指标体系，也就是说棉花不受旱就不进行灌水，而且往往灌的是"救命水"。其实，这种做法对棉花高产是不利的。在棉花生产过程中，一旦出现旱象，棉株体内的正常生理代谢已经受到影响，必定会造成蕾铃脱落的明显增加。因此，要提倡灌"丰收水"，不灌"救命水"。要通过棉花超高产栽培，建立科学灌溉的指标体系，确保灌溉在旱象露头之前，以科学适量的水分供应来保持棉花中后期的稳健长势，以达到棉花超高产目标。

（五）化控不得当

科学的化学调控就是要做到"不早不迟"、"不重不轻"、"不偏不倚"，要求选好时间、掌握剂量、打准部位。而有相当部分棉农对化学调控的时间、剂量掌握不好，化控过头的现象时有发生，因化控后叶色变深而掩盖脱肥造成早衰的现象经常出现。还有一部分棉农干脆放弃化学调控，从而造成棉株高大松散，致使棉花的群体光合效能下降。掌握好适度的化学调控，是棉花超高产栽培的重要技术范畴。

（六）防治不科学

在病虫防治方面，主要存在六个方面的问题：一是没有掌握好防治指标，打"保险药"的现象比较突出，有不少地方仍然坚持十天一次药的传统防治习惯，从主观上提高了棉花的治虫成本；二是没有掌握好防治适期，特别明显的就是对斜纹夜蛾的防治经常会出现失误，如果都能抢在扩散（2龄）以前进行防治的话，斜纹夜蛾危害就不会很严重；三是没有掌握好重点防治对象，现在所推广的大都是抗虫杂交棉，对棉铃虫和红铃虫有较强的抗性，现在的防治重点就不再是棉铃虫和红铃虫，而是棉盲蝽、棉蓟马、棉红蜘蛛、斜纹夜蛾等，有很多农户却忽视了棉盲蝽和棉蓟马的防治，造成了不必要的减产损失；四是没有掌握好对路农药，由于现在的农药商品名称很多，同一种成分的农药却有很多不同的名字，五花八门，搞得棉农晕头转向，很难选准高效对路农药；五是没有掌握好药液浓度，很多棉农为了追求防治效率，随意加大用药量和喷雾浓度，因喷雾浓度过高而产生棉花药害的现象常有发生；六是没有掌握好喷足水量，要想提高棉花病虫害防治效果，就必须喷足水量，打细打透，而还有相当多的棉农棉田喷水量过少，在一定程度上影响了防治效果。

二、棉花超高产栽培所面临的技术问题

棉花高产代表着当今的生产水平，超高产是表明棉花的增产潜力。而增产潜力的发挥，必须在改善生产条件的前提下，因地制宜面向生产实际，实行分类指导，克服超高产栽培面临的技术问题，推广新品种（组合）和综合栽培技术。

（一）陆地棉品种间杂种单株成铃的上限问题

生产实践证明，棉花种植密度在中密度偏稀时，如每亩3 000株左右，平均单株成铃在30个以内，密度在2 000株时，平均单株成铃在40个以内，当密度在1 500株左右时，平均单株成铃数在55个左右。这说明陆地棉品种间杂种的单株成铃数，虽然有随着密度的下降而增加的趋势，但由于每亩总成铃数的限制，当种植密度为1 500株左右时，单株成铃的上限很难突破70个，从而限制了陆地棉品种间杂种的产量。这表明陆地棉品种间杂种的增产潜力有限。

（二）棉花高产与优质的问题

在生产上推广抗虫杂交棉后，单位面积产量实现了高产又稳产。当今棉花生产上突出的问题，除超高产之外，还有棉花质量较低。主要表现在纤维长度不长，强力和成熟度较差，棉纤维类型较单一，适纺纱支数范围较窄，影响纺织品出口的需要。今后的目标是优质超高产，因此，在育种上要大力示范推广带有海岛棉血缘的陆地棉中长绒品系再与陆地棉杂交的办法，培育出超高

产优质中长绒杂交棉。

（三）有效结铃期长短的问题

长江中下游棉区的棉花生长季节可达 230 天左右，一般 4 月上旬播种育苗，11 月底拔秆。棉花可在 6 月中下旬开花，到 9 月中下旬止，棉花的有效结铃期可达 90 天以上。但在棉花生产上尚未充分利用棉花的有效结铃期。只有推广棉花超高产栽培时，实行早播早管促早发，综合措施防早衰，才有可能充分利用棉花的有效结铃期。

第三节　棉花超高产栽培的技术思路

棉花超高产栽培技术思路的确立，既要科学又要客观。所确立的技术思路要有利于资源优势的充分利用、有利于棉花单产和品质的平衡提高。棉花超高产栽培的技术思路的理论依据是，在选择具有强优势组合基础上，既要充分考虑生物产量和经济系数的平衡，又要充分考虑总铃数和单铃重的协调，还要考虑到最佳结铃期与最佳结铃部位相吻合。只有这样才能科学地确立棉花超高产栽培的技术思路。

一、选用高产优质和抗性好的杂交良种

近年来，随着育种水平的不断提高，棉花新品种与棉花杂交种之间的差距在逐渐缩小，如何进一步提高杂交种的竞争优势是值得棉花育种工作者深入探索的重要生产问题。要进一步挖掘这一增产潜力，最重要的是要解决好两个问题。

（一）强优势组合的选择问题

杂交组合优势的强弱，直接影响杂交棉在生产上的利用价

值。由于杂交优势不是单个性状突出的优势，而是多种性状优势的综合。因此，杂种优势必然涉及到许多等位基因与非等位基因的互作和协调关系。所以杂种优势的强弱决定于亲本性状的差异程度及其相互作用的大小。在一定范围内，亲本在亲缘关系上、地理位置上以及生态上差异越大的，杂种优势就越强，也就是杂种基因型杂合状态是形成杂种优势的主要来源。我国当前生产杂交棉的组合均为陆地棉品种间杂交组合，一般增产幅度在 20％～30％左右，具有一定的优势，但增产幅度不大。主要问题就是目前我们选配组合所用的亲本范围较窄。有学者指出，采用陆海杂交培育出来的具有海岛棉血缘的陆地棉中长绒品系，再与陆地棉杂交，可能是培育丰产优质中长绒棉杂种的一条有希望的途径。

（二）制种技术问题

目前棉花杂种优势的利用途径及方法主要有三系法、柱头外露两系法、指示性状的利用和人工去雄授粉等。在上述制种技术上，人们强调的是研究一种简便的制种方法。但是生产实践证明，能否打破高产与优质性状间的负相关，才是杂种优势利用成败的一个重要问题。在以往陆地棉种间杂交，常采用一次杂交配组方法，并想从中育出二者皆优的组合，事实证明，这具有相当大的难度。如何才能充分发挥棉花杂种优势的这种潜力，尝试利用作物杂交和回交育种理论来直接为杂交制种技术服务，如棉花三交组合杂种优势的利用，这是一项值得一试的技术。

二、实现棉花生物学产量与经济系数的同步提高

棉花产量若以干物质重量计算，其中有 90％以上是光合作用所产生的有机物质。棉花超高产栽培的物质基础，就是努力提高棉花群体的光合生产能力，并以较高的比例输送到经济器官中

去，使棉花的经济器官能够源源不断地得到充足的光合产物，多结铃，结大铃。这就牵涉到棉花体内的营养代谢、物质分配以及棉花的经济系数等问题。

棉花的生物学产量包括籽棉和棉秆（含根、茎、叶和铃壳）的干重，经济产量就是指人们所收获的籽棉重量。所谓经济系数，就是经济产量与生物学产量的比值。即：

$$经济产量＝经济系数×生物学产量$$

从这个关系式中可看出，经济产量同时受生物学产量和经济系数两个因素制约，要想棉花获得比较高的经济产量，既要努力提高棉花的生物学产量，还要想办法提高它的经济系数。

（一）影响生物学产量的因素

从生理角度看，生物学产量是经济产量的基础，要想获得比较高的经济产量，首先要努力提高棉花生物学产量。对棉花生物学产量影响最大的因素有三个：

1. 水肥条件　棉田的肥力状况、水利条件和施氮水平对棉花的生物学产量影响非常大。在棉田土壤疏松肥沃的情况下，棉花根系生长发育良好，发苗早，营养体生长旺盛，通常生物学产量比较高；相反，当土壤贫瘠板结时，棉花发苗慢，植株营养体小，生物学产量一般都比较低。在水利条件比较好的情况下，棉株不易受旱，光合生产能力强，花铃盛期后能及时灌溉，棉株不会旱衰，有效生长期相对延长，营养体相对增大，果节数相对增多，开花结铃也会相对增强，生物学产量会明显提高；相反，当棉田受旱时，不仅会影响棉株营养体的生长，而且还会造成棉花早衰减产，生物学产量将会显著降低。在施氮水平较高的情况下，通常棉花的营养体都比较大，茎秆粗壮，枝繁叶茂，生物学产量一般都比较高，尤其是在棉花生长前期（蕾期）氮肥施用偏多，肥水碰头，营养体生长过旺，甚至因碳氮代谢失调而造成徒长，虽然生物学产量很高，但经济产量不一定高；当施氮水平偏低时，则会影响棉株丰产架的构建，植株营养体小，生长势弱，生物学产量会相对下降，一般情况下棉花的生物学产量与施氮水平成正相关（表1-1）。

表1-1　不同施氮水平与棉花生物学产量关系

（江西都昌，2006）

施氮水平	种植密度（株/亩）	籽棉产量（千克/亩）	棉秆重量（千克/亩）	生物学产量（千克/亩）	经济系数
高氮	1 600	386	560	946	0.41
中氮	1 600	315	400	715	0.44
低氮	1 600	237	288	525	0.45

2. 群体结构　棉花群体结构的大小直接影响到棉花大田的生物学产量。棉花群体结构主要是由种植密度和个体的大小两个基本因素构成。一般高密度棉田的棉株个体比低密度棉田的棉株个体要小，通常情况下，种植密度的大小与棉株个体的大小呈负相关。只有在种植密度适宜而个体发育良好的情况下，棉花的生物学产量才比较高。

从生物学角度分析，棉花群体结构的大小，主要取决于群体叶面积的大小。因为叶片是主要的同化器官，形成生物产量的有机物质大多是通过叶片进行光合作用而合成的。只有保持适宜的叶面积系数，并提高其光合效能，使之能制造更多的光合产物，才能增加生物学产量和经济产量。

叶面积过大或过小，对提高棉花的生物学产量都是不利的。当叶面积过小时，虽然通风透光条件良好，单株的光合效率也比较高，但由于群体叶面积不足，减少了进行光合作用的"工厂"，从而影响了棉花的光合生产能力，在这种状况下棉花所积累的光合产物总和就会明显减少；当叶面积过大时，从表面上看虽然增加了进行光合作用的"工厂"，但是由于荫蔽严重，中下部叶片所得到的光照强度往往低于棉花进行光合作用的光补偿点，不能正常进行光合作用，而这些叶片反而要进行光呼吸作用，消耗已合成的碳水化合物，在这种状况下棉花所积累的光合产物也会减少。

适宜的叶面积系数可以根据中下部叶片的受光强度来确定。只有在叶面积高峰值时，棉株中、下部内围叶片所接受到的光强在棉花进行光合作用的光补偿点以上时，这时的叶面积系数才算合理。研究表明，当夏季晴天光照强度为 80 000 勒克斯，叶面积系数为 4.0 时，棉株基部绝对光照强度为 1 000～1 400 勒克斯，已达光补偿点，这说明花铃期时棉花叶面积系数不应超出4.0，一般高产棉花最适宜的叶面积系数以 3.5～4.0 为宜。

3. 品种特性　棉花虽然是 C_3 植物（最初光合产物为三碳糖：磷酸甘油醛），其光合效能低于 C_4 植物（最初光合产物为四碳化合物：草酰乙酸）。但在 C_3 植物中，棉花属高光合效能植物，许多高产棉区的生物学产量已经超了 1 000 千克/亩，皮棉产量已达到了 200 千克/亩。

但是，在相同的生态和生产条件下，不同类型品种之间的生物学产量也存在着差异。一般情况下，杂交品种的生物学产量要高于常规品种，株型松散品种的生物学产量高于株型紧凑品种，迟熟品种的生物学产量高于早熟品种。

（二）影响经济系数的因素

棉花经济系数受种植密度、品种特性、施肥水平、化学调控等多因素制约。其中影响最大的是种植密度。2006 年江西省都昌县棉花生产办公室对棉花进行了不同的栽培密度试验，试验结果表明，棉花的生物学产量和经济产量与种植密度之间的关系不十分明显，在 1 500～2 500 株/亩的密度范围内，只要肥水得当，田间管理到位，都能获得比较高的产量。但经济系数与种植密度之间的关系却十分密切，在 1 555～2 540 株/亩密度范围内，棉花的经济系数是随着密度的增大而降低（表1-2）。

表1-2　不同种植密度下棉花经济系数比较

（江西都昌，2006）

棉田类型	种植密度（株/亩）	籽棉产量（千克/亩）	棉秆重量（千克/亩）	生物学产量（千克/亩）	经济系数
水改旱	1 555	356	345.6	701.6	0.51
水改旱	1 647	462	480.9	942.9	0.49
水改旱	1 710	261	316.8	577.8	0.45
可灌旱地	1 960	412	686.0	1 098.0	0.38
可灌旱地	2 242	305	552.5	857.5	0.36
可灌旱地	2 540	212	387.5	599.5	0.35
平均值	1 942	334.7	461.6	796.2	0.42

　　为了实现生物学产量和经济系数的同步提高，在栽培上要注重三个方面：

　　1. 要注重在前期促进棉花的营养生长，尽早建立棉花高光效的生产结构　要实行适时早播，培育壮苗，适龄移栽，促进早发，及时管苗促平衡，防止僵苗、弱苗和草荒苗的产生，壮大营养体，早搭丰产架。

　　2. 要使棉花群体尽早形成适宜的叶面积，并尽可能延长其功能期　既要主攻棉花早发，又要防止棉花早衰，维持棉株较长的有效生长期，以增加光合产物总量来实现棉花生物学产量的提高，为棉花高产打下物质基础。

　　3. 要使光合产物最大限度地转化为经济产量，提高棉花的经济系数，实行科学合理的种植密度配置，调节适宜的群体结构　注重棉株营养生长与生殖生长的协调，注重植株体内碳、氮代谢的平衡，搞好肥水的科学运筹，实施有效的化学调控，实现"壮苗早发、稳长增蕾、伏桃满腰、秋桃盖顶"的技术目标。

三、在狠抓成铃总数的同时注重增加铃重

皮棉产量是由单位面积总铃数、单铃重和衣分三个因素所构成。在这三个因素中，单位面积的总铃数变幅最大，它对棉花产量的影响最大；单铃重的变幅比总铃数的变幅小，但比衣分的变幅大，对棉花产量的作用排在第二；衣分的变幅较小，其高低主要由品种特性决定，它对棉花产量的直接作用最小。河南省农业科学院经济作物研究所研究了铃数、铃重、衣分三个因素分别对棉花产量的影响，通过多元回归、通径系数、偏相关等方法进行了分析测定，结果表明，以总铃数对皮棉产量的影响最大，其次是铃重，再次是衣分。其多元回归方程为：

$$y = -88.75 + 14.5x_1 + 16.44x_2 + 0.93x_3 \quad (r = 0.97^{**})$$

由方程表明，在三个产量构成因素中，任何两个因素保持平均水平时，每亩总铃数 x_1（万个）、铃重 x_2（克）、衣分 x_3（％）的增减对皮棉的影响。

三个因素之间的复杂关系，通过通径系数和偏相关的剖析，可以看得十分清楚。通径系数分析结果表明：总铃数和铃重对产量的直接效应分别占 68.06％ 和 57.82％ 为最大；总铃数通过铃重和铃重通过总铃数的间接通径分别占 24.4％ 和 33.5％，说明这两个因素的相互作用，对产量的贡献也很大；衣分对产量的直接效应占 18.9％，贡献较小。偏相关分析结果表明：总铃数对产量的贡献占 44.45％ 为最大，其次为铃重占 41.68％，衣分占 13.87％ 为最小。

江西省都昌县棉花生产办公室 2005 年、2006 年连续两年在蔡岭、北山等乡镇的品种对比试验区对棉花三个产量构成因素进行了综合调研，调研结果也反映了总铃数、铃重和衣分三因素对棉花产量的影响。

总铃数的变幅很大，高产棉田每亩成铃总数可以达到 8 万个

以上，而低产棉田的每亩成铃总数不足 4 万个。2005 年调查了 70 户棉农，有 43 个水平等级，平均每亩成铃总数为 6.24 万个，最高亩成铃总数为 8.18 万桃，最低亩成铃总数为 4.35 万桃，经过统计分析，样本标准差 s＝0.996，方差 δ＝0.984，变异系数 CV＝15.9％，极差为 3.83 万个，极差占平均数的 60.9％；2006 年调查了 100 户棉农，有 54 个水平等级，平均每亩成铃总数为 6.82 万个，最高亩成铃总数为 9.4 万桃，最低亩成铃总数为 5.0 万桃，经过统计分析，样本标准差 s＝1.052，方差 δ＝1.042，变异系数 CV＝15.4％，极差为 4.4 万个，极差占平均数的百分比为 64.5％。

铃重变幅也比较大，通常大铃型品种在高肥水栽培条件下，平均单铃重可以达 5.5 克以上，中部内围铃可以达到 6 克以上，而小铃型品种在肥水一般的情况下平均单铃重不足 4.5 克，中部内围铃也难于达到 5 克。2005 年调查了 50 个中部铃样本，有 18 个水平等级，平均单铃重为 5.62 克，最高单铃重为 6.55 克，最低单铃重为 4.34 克，经过统计分析，样本标准差 s＝0.704，方差 δ＝0.684，变异系数 CV＝12.53％，极差为 2.21 克，极差占平均数的百分比为 39.3％；2006 年调查了 50 个棉花中部铃样本，其中有 29 个品种，有 22 个水平等级，平均单铃重为 5.59 克，最高单铃重为 6.35 克，最低单铃重为 4.43 克，经过统计分析，样本标准差 s＝0.442，方差 δ＝0.432，变异系数 CV＝7.91％，极差为 1.92 克，极差占平均数的百分比为 34.3％。除品种之外，单铃重的增减也决定于温度条件。据江苏省气象台研究，在铃期内，当 ≥10 ℃ 的有效积温由 850 ℃ 降至 650 ℃ 时，积温每减少 10％，铃重也相应减轻 10％；当 ≥10 ℃ 的有效积温由 650 ℃ 降至 350 ℃ 时，铃重开始陡降，积温每减少 10％，铃重相应下降近 20％，而且所结的铃大多为霜后花，纤维品质明显变劣。

衣分的变幅相对小些，但在不同的品种和肥水条件下，衣分也存在一定的变幅，2005 年调查了 50 个田块的中部花样本，包含了 24 个品种，有 18 个等级水平，平均衣分为 40.89%，最高衣分为 44.59%，最低衣分为 36.22%，经过统计分析，样本标准差为 s＝2.47，样本方差 δ＝2.4，变异系数为 CV＝6.04%，极差为 8.37%，极差占平均数的百分比为 20.47%；2006 年调查了 50 个田块的中部花样本，包含了 29 个品种，其中衣分的等级水平有 21 个，平均衣分为 40.85%，最高衣分为 43.2%，最低衣分为 36.12%，经过统计分析，样本标准差为 s＝2.01，样本方差 δ＝1.961，变异系数为 CV＝4.92%，极差为 7.1%，极差占平均数的百分比为 17.4%（表 1－3）。

表 1－3　棉花产量构成因素分析统计表

（江西都昌）

项目	年度	调查样本	水平等级	最大值	最小值	平均值	极差	极差占平均值（%）	标准差	变异系数
总铃数（万）	2005	70	43	8.18	4.35	6.24	3.83	60.9	0.996	15.9%
	2006	100	54	9.4	5.0	6.82	4.4	64.5	1.052	15.4%
	二年平均值			8.79	4.68	6.53	4.12	62.7	1.024	15.65%
单铃重（克）	2005	50	18	6.55	4.34	5.62	2.21	39.3	0.704	12.5%
	2006	50	22	6.35	4.43	5.59	1.92	34.3	0.442	7.9%
	二年平均值			6.45	4.39	5.61	2.07	36.8	0.573	10.2%
衣分（%）	2005	50	18	44.59	36.22	40.89	8.37	20.5	2.47	6.04%
	2006	50	21	43.2	36.1	40.85	7.1	17.4	2.01	4.92%
	二年平均值			43.9	36.16	40.87	7.74	18.95	2.24	5.48%

从表 1－3 中可以明显看出，在同一年内，每亩总铃数、铃重、衣分三者对棉花产量的重要性依次降低。据研究，在气候条件相同的情况下，肥水条件及管理水平对成铃总数的影响最大；在其他条件相同的情况下，气候条件对单铃重的影响比对成铃总数的影响大。在同一气候条件下，不同水平棉区的棉花产量差异

主要受总铃数支配，其次受铃重的支配，而衣分变幅较小，对产量的影响相对要小得多；而在同一个生态区内，不同年份的产量差异主要受单铃重支配。

因此，要实现棉花高产，必须要在狠抓增加总铃数的基础上，努力提高铃重。在技术上，一要注重选用结铃性强、铃重较大的丰产优质品种，为棉花超高产奠定良好的品种基础；二要注重科学的肥水运筹，大力开展配方施肥和科学灌溉，为棉花超高产创造良好的生态环境；三要注重抓早发攻后劲，努力延长棉花的有效结铃期，奠定提高总铃数的时间基础；四要注重适度化学调控，塑造理想株型，优化光能利用环境，提高光合生产能力，为多结铃、结大铃夯实物质基础。

四、在最佳结铃期内提高结铃强度

棉铃发育在很大程度上受气候条件和栽培技术的综合作用，而在气候条件中，温度则是一个极为重要的因素。

棉铃发育的适宜温度为 25～30 ℃，在适温范围内，棉花铃期的长短是相对稳定的，一般陆地棉品种为 50 天左右。在低于适温的情况下，铃期随着平均气温的降低而延长，铃期与温度之间呈负的指数关系。据中国农业科学院棉花研究所研究，在低于棉铃发育适宜温度的条件下，铃期内日平均气温每降低 1 ℃，铃期约延长 2 天。这说明铃期的长短与积温有关。

纤维发育与温度之间的关系更为密切。棉花纤维发育的适宜温度范围为 21～30 ℃，在此范围内，温度愈高，纤维素的淀积愈快；当夜温低于 21 ℃时，还原性糖只能积聚而不能转化，纤维素的淀积会受到影响；当气温低于 15 ℃时，纤维素积淀就会停止。因此，棉铃发育的最低临界温度为 15 ℃，优质棉棉铃发育的最低临界温度应大于 18 ℃。

长江中下游棉区，从 6 月 25 日至 9 月 25 日，有 90 多天的时间日平均气温在 25～30 ℃的结铃适温范围之内，这段时期也正是棉花的开花结铃生理高峰期，在这段时期内所结的棉铃通常铃重比较大，气温适期与结铃生理高峰期非常吻合协调；日平均气温≥18 ℃的终日在 10 月中下旬，在这以前均为优质棉铃生长发育时期，也就是在 10 月 25 日以前吐絮的棉铃，铃期在 50～55 天以内，纤维品质非常好，一般 9 月 5 日前开花结的铃都能在 10 月 25 日以前发育成熟；日平均气温≥15 ℃的终日为 11 月 10 日左右，在这以前所结的铃，纤维成熟度都比较好，也就是说，在 11 月 10 日吐絮的棉铃，棉铃的铃期一般在 50～65 天以内，纤维品质都比较好，一般 9 月 10 日前开花结的铃都能在 11 月 10 日以前正常成熟；平均初霜日在 11 月 25 日左右，在这以前正常吐絮的棉铃为霜前花，棉铃的铃期一般在 50～70 天以内，纤维能正常成熟，一般 9 月 15 日前开花结的铃都能在 11 月 25 日以前正常吐絮。9 月 15 日以后结的铃为晚秋桃，一般年份大多为霜后花，纤维的成熟度降低，品质较差。

因此，在生产上要牢牢抓住 6 月 25 日至 9 月 15 日之间 80 天左右的棉花最佳结铃期，主攻梅桃、伏桃和早秋桃，实现梅桃压脚、伏桃满腰、秋桃盖顶。在生产上要采取促早发措施，在早发的基础上，调节群体结构和植株营养，协调棉株体内生理代谢；充足协调地供应花铃期的肥料和水分，使棉花既不脱肥早衰，又不旺长贪青；同时抓住对棉花产量威胁重大的病虫害的针对性防治。实现"壮苗早发、稳长增蕾、桃多桃大"的超高产目标。

五、建立不同生态类型棉区棉花超高产栽培技术体系

（一）棉田的三种生态类型

在不同生态条件棉区，棉花的结铃优势部位并不完全一致。

长江中下游棉区的棉田，有明显的三种生态类型：

1. 平原洲地冲积棉地　这一类型棉田土层深厚，土质疏松肥沃，有机质含量高，保水保肥性能好，地下水位较高，前期排水条件稍差。通常棉花苗期生长稍慢，苗病相对严重，中期生长旺盛，根系发达，后期劲足不易早衰，但中下部果枝的内围棉铃通常有一定比例烂桃僵瓣花。这一类棉田的最佳结铃优势部位通常在中下部果枝的外围或次外围和中上部果枝的内围果节。在生产上，应以争伏桃和早秋桃为主。

2. 丘陵红壤棉地　这一类棉地一般土层比较深厚，黏性重，易板结，耕性差，"天旱一块铜，下雨一包脓"是农民对红壤的评价，红壤的有机质含量低，土壤贫瘠，由于富含铝而呈酸性或强酸性，pH 一般在 4.5～5.5。具有酸、瘠、板、旱、回温快等特点。通常棉花发苗快，易抓早发，蕾期生长较快，易早搭丰产架。但这类棉地灌溉条件比较差，受伏秋干旱的威胁比较大，通常因干旱而引发棉花早衰。它的最佳结铃部位则在中下部果枝的内围果节。在生产上以争伏前桃和伏桃为主。

3. 水稻土棉田　这类棉田大多为 1990 年以后进行的水改旱（水稻改种棉花）。土壤比较肥沃，有机质含量适中，土壤呈弱酸性，棉田灌溉条件良好，是实现棉花超高产栽培的理想棉田。前期易早发，后期有后劲，单株成铃多，脱落率低，通常每层果枝的内围 4～5 个果节都是棉株的结铃优势部位。在生产上可以实现"四桃齐结"，以抓伏前桃、伏桃和早秋桃为主。

（二）建立不同生态类型棉区棉花超高产栽培技术体系

根据不同类型棉田的生态条件，要因地制宜地选择棉花超高产栽培技术，从实际出发，抓主要矛盾，充分利用资源优势，避开或克服环境劣势，科学地探讨不同生态类型棉区棉花超高产栽培的技术体系。

1. 在丘陵红壤棉区，走"矮、密、早"的路子　实现大群体、小个体的栽培方法，通过科学选用早发早熟、株型紧凑的优质丰产品种和抓密促早等技术措施，主攻伏前桃和伏桃，力争在靠近主茎的果节上多结内围铃，在伏秋干旱之前每亩坐住 4 万～5 万桃。

在伏秋期间无灌溉保障的丘陵红壤旱地植棉，由于伏秋干旱而缩短了有效结铃期，适宜于走这条路子夺取棉花高产。可以通过适度增密多结内围铃，通过狠抓早发多结梅、伏桃，选用生育期短、株型紧凑、上桃快、结铃集中、单铃重较大的早熟品种，采取配方施肥、全程化控的肥促化控措施，推广覆盖保水栽培新技术，减少土壤水分蒸发，增强土壤的蓄水保墒能力。实现丘陵红壤棉区棉花超高产栽培。

2. 在平原洲地和水改旱棉区，走"小、壮、高"的路子 实现小群体、壮个体、单株高生产力的栽培方法，通过扩行减株、加强肥水管理等措施，改善棉田通风透光条件，优化高效群体结构，提高成铃率，增结棉株中上部铃。

长江中下游棉区无霜期长，棉花的有效结铃期可达 90 天以上，秋季降温慢，昼夜温差大，对后期结铃和棉铃成熟十分有利，棉株中上部的光温条件好，成铃率高，增加中后期成铃的潜力非常大。因此，在肥水条件较好的平原洲地和水改旱棉田，种植株型疏朗、生长稳健、结铃性强、铃重大、品质优、早发不早衰的品种，适度降低密度，加大肥水投入，走小群体、壮个体、高单株生产力的路子，始终保持棉花旺盛稳健的长势，充分利用秋高气爽的有利气候条件，多结早秋桃，更易实现超高产栽培的目标。

3. 实现棉花超高产栽培必须狠抓促早发防早衰的综合技术 抓早发是夺取棉花超高产的一项重要措施。早发的棉花前期生长稳健，碳、氮代谢协调，棉株体内营养分配合理，营养生长向生殖生长的过渡平稳，现蕾早，上桃快。在长江中下游棉区，早播早发的棉花 7 月 15 日棉株平均果枝层数可以达到 15 层左右，伏前桃可以达到 8 个以上。

　　防早衰对棉花产量的影响比抓早发更大，长江流域棉区，棉花防早衰工作显得更为重要。因为 8 月 15 日至 9 月 15 日早秋桃的结铃期间，秋高气爽，光照充足，气温适宜，棉株的最佳结铃优势部位和最佳结铃优势环境非常吻合，让棉株保持较强的后劲，至 10 月上旬不早衰，使棉花在这段时期内始终维持较高的结铃强度。江西省都昌县棉花生产办公室 2006 年苗情观察资料表明，高产棉花 8 月 15 日至 9 月 15 日期间早秋桃的成铃日增长量一般可以达到 0.6 个/天左右，最高田块可以达到 0.91 个/天（表 1 - 4）。

表 1 - 4　棉花"四桃"的结铃情况统计表
（江西都昌 2006）

品　种	7 月 15 日	7 月 15 日~8 月 15 日		8 月 15 日~9 月 15 日		9 月 15 日~10 月 10 日	
	伏前桃数	伏桃数	日增量	早秋桃数	日增量	晚秋桃数	日增量
金棉 631	2.5	28.5	0.92	28.3	0.91	5.7	0.23
先杂棉 1 号	4.5	19.7	0.64	19.2	0.62	9.8	0.39
三杂棉 4 号	4.4	12.6	0.41	19.0	0.61	12.8	0.51
金农棉 2 号	7.2	22.6	0.73	16.0	0.52	14	0.56
湘杂棉 3 号	3.8	18.8	0.61	15.4	0.50	12.2	0.49
平均值	4.5	20.4	0.66	19.6	0.63	10.9	0.44
四桃比	1 : 4.5 : 4.4 : 2.4						

　　棉花超产栽培，既要主攻早发，又要狠抓后劲，尽量延长棉花大田有效生长时间，延长棉花的有效结铃期，维持较长的结铃高峰期，尽最大可能提高结铃高峰期的结铃强度，实现早发不早衰。据江西省都昌县棉花生产办公室 2001 年生产调查，把所调查的样本划分成了"早发早衰、早发迟衰、迟发早衰、迟发迟衰"四个生育类型（表 1 - 5）。

表 1-5 不同棉花生育类型"四桃"分布

生育类型	伏前桃	伏桃	早秋桃	晚秋桃	总成铃	单铃重	籽棉单产
早发迟衰型	8.2	16.5	16.9	11.1	52.7	4.90	464.8
早发早衰型	10.2	19.6	5.8	2.0	37.6	4.65	314.7
迟发迟衰型	1.9	18.6	16.4	12.1	49.0	4.75	419.0
迟发早衰型	2.8	18.9	8.9	1.9	32.5	4.25	248.6

早发迟衰型：通常出现在管理水平比较高的水浇地和水改旱棉田，属高产类型。这类棉花的生态条件好，棉田肥力水平高，排水良好，灌溉有保障，肥水管理水平较高，早发不早衰。这一类型棉花，由于排水条件较好，地温回升较快，播种比较早，一般都在 4 月上旬播种育苗。前期发苗较快，现蕾早，6 月上旬可以现蕾；伏前桃比较多，通常可带 8 桃入伏，入伏时果枝层数可达 14～15 层；中期发棵稳长，8 月上旬打顶心时果枝层数可达 18～21 层，伏桃和早秋桃比例大，一般可达 30 个以上，而且铃重明显大于其他生育类型；后期劲足稳健，至 10 月 10 日止，有效晚秋桃可达 10 个以上。

早发早衰型：通常多出现在丘陵红壤棉区，所占比例大约占旱地植棉面积的 50% 以上。这一类型棉花，由于红壤旱地排水条件好，地温回升较快，通常播种比较早，一般都在清明节前后抢晴播种育苗，前期发苗快，现蕾早，一般在 6 月初可以现蕾，伏前桃多，个别早发性好的棉花可带 10 桃入伏。7 月上中旬雨季结束后，棉花开始受旱，伏桃的结铃强度逐渐下降，秋桃几乎很少。这一类型棉花产生的原因，除了受灌溉条件制约外，与棉花的生理特性和管理措施关系非常密切：从棉株生理特性看，由于前期结铃较多，碳素营养代谢占优势，光合产物大多以碳水化合物的形式供应给了蕾铃的生长发育，而合成蛋白质供给棉株营养体养料显然减少，从而导致棉花早衰；从管理角度看，未及时抗旱是形成早衰的直接原因，但肥料供应不及时更是导致棉花早衰的主要原因。从调查过程中发现，大部分棉田的早衰都是由于脱肥而引起的，绝大部分棉农埋施了当家肥（蕾肥）以后，在"双抢"前（7月上旬）没有及时施用花铃肥，待"双抢"结束时，棉株已结顶早衰。

迟发迟衰型：通常多出现在平原洲地棉区，所占比例较大。这一类型棉花，由于地下水位高，排水条件较差，地温回升比较慢，通常播种稍晚，一般都在4月上中旬播种育苗，前期发苗慢，常年苗病发生比较严重，现蕾相对偏迟，一般在6月中旬前后现蕾，伏前桃少；气温回升后，棉花生长加快，加上土层深厚，土质疏松肥沃，中期长势旺盛，入伏后结铃强度迅速提高，伏桃多，一般伏桃可达20个左右，而且桃子大；后期劲足，由于土层深厚，棉株根系发达，棉花的生理耐旱性强，再加上土肥水足，秋桃结铃密度大，一般单株早秋桃可达16个以上，有效晚秋桃也可达到12～15个。

迟发早衰型：这类棉花属低产类型，通常为"三类苗"，"前期不发苗，难搭丰产架，后期衰得早，四桃少三桃"。通常伏前桃很少或无伏前桃，伏桃10～15个左右，早秋桃数量不足伏桃的一半，晚秋桃几乎没有。产生这种生育类型棉花的主要原因是：前期田间生产管理失误，苗期缺肥、积水或干旱、病虫草危害等导致僵苗、弱苗、草荒苗"三类苗"的产生；中期肥水不当，生长势弱，个体营养发育不良，未搭建丰产架，植株矮小，单株果枝少，总果节量不足，现蕾迟，结铃少；后期放弃管理，或干旱、或缺肥、或虫害，棉株衰亡，秋桃少或无秋桃，棉铃发育不良，单铃重明显小于正常棉株。

第二章

棉花超高产栽培的理论基础

棉花是一种生育特性非常鲜明的作物，在这些生育特性中，有很多方面表现出了棉花具有巨大的增产潜力，为开展棉花超高产栽培奠定了可靠的生物学基础；长江中下游棉区，光照充足，热量丰富，雨量充沛，气候宜人，无霜期长，棉田土层深厚，土质肥沃，灌溉条件良好，是实现棉花超高产栽培优势区域；广大棉花科技工作者潜心研究，勤奋推广，不断总结高产经验，创新技术体系，使广大棉农的植棉水平得到了快速提高，涌现出了一大批棉花超高产栽培典型，为实现棉花超高产栽培奠定了扎实的生产基础。

第一节　棉花超高产栽培的生物基础

我国棉花栽培历史悠久，据考古证明，至少有五千多年的栽培历史，文字记载历史也有 2000 多年，长江流域植棉在元初开始已有文字记载，至今也有 720 多年。但是，棉花却原产于热带和亚热带地区，为多年生木本植物。后来经过引种、驯化和人工选择育种，逐渐改造成一年生作物。现在我们栽种的棉花在生长发育过程中，仍然保留了祖先原有的许多特性，其中有些特性在今天的棉花生产中被广泛利用，成为挖掘棉花增产潜力的理论依据，也成为今天我们实行棉花超高产栽培的生物学基础。不过也有些特性则对棉花高产不利，成了我们在超高产栽培中应该克服的技术问题。

有关棉花生长发育特性，过去曾有很多叙述。江西农业大学黄完基教授在 20 世纪 80 年代科技兴棉对棉农授课时，将棉花的生育特性通俗地称为棉花的脾气，并归纳为八句话、56 个字，易懂易记，深受农民好评。

　　栽培棉花野生来，多年习性尚存在，
　　喜光喜温喜地爽，硼肥不足有症状，
　　营养生殖重叠长，发棵大小可控强，
　　土肥地泡发根好，根深叶茂产量高。

一、棉花"三喜三怕"的生育特性

棉花在生长发育过程中始终表现出"三喜三怕"特性，即喜温暖、怕寒冷；喜光照、怕荫蔽；喜地爽、怕潮湿。在较高的温度、较强的光照和排水良好的土壤中，棉花生长发育进程加快，光合积累增多，容易夺取高产。而在热量资源不足、积温偏少、光照条件不好、土壤黏重、板结和排水不良的情况下，通常难于夺取高产。

（一）喜温暖、怕寒冷的表现

棉花生长发育的适宜温度为 20～32 ℃，但在各个生育时期都有一定的温度要求。在适宜的温度范围内，随着温度的升高，生育进程不断加快，主茎日增长量增加，现蕾、开花、结铃的速度加快，单铃重增大，纤维品质好。

棉花的喜温性也是有限度的。当温度高于 35 ℃时，就会给棉花的生长发育带来不利，育苗时会造成高温烧苗，在花铃期严重影响棉花的花粉发育，影响正常的开花受精，导致蕾铃脱落加重，不利于棉花正常坐桃。

棉花对低温的反应十分敏感，温度过低时，对棉花生长发育也不利。育苗时若遇 2～4 ℃低温寒害，苗床病害加重，易造成烂种或死苗；苗期遇低温寒潮，苗病加重，保全苗难度加大，易形成僵苗或弱苗；蕾期遇低温现蕾慢、现蕾期推迟；后期遇低温，棉籽和纤维不能正常发育，桃子小，僵瓣多，影响正常吐絮和纤维品质。

（二）喜光照、怕荫蔽的表现

棉花是喜光作物，其喜光性的表现有三个方面：一是棉花的幼叶和嫩头具有明显的向光性，当太阳落山后，棉叶向下披。二是棉花的光能利用率较高，棉花的光补偿点较低，一般在1 000～2 000勒克斯之间，在补偿点以上，随着光照强度的增加，光合强度随之增加；棉花的光饱和点较高，一般在7万～8万勒克斯，比一般作物要高出一倍以上。三是棉花在生长发育期间，光照充足时，棉株生长健壮，节间短，株型紧凑，铃多铃大，纤维品质好；当棉株光照不足时，会造成荫蔽现象，影响棉花的正常发育：苗期荫蔽，形成高脚苗，茎枝节间细长；蕾期荫蔽，蕾小蕾瘦脱落多；花铃期荫蔽，种子瘪，烂桃多。

（三）喜地爽、怕潮湿的表现

棉花过去长期生长在干旱的环境条件下，形成了耐旱的习性。但由于棉花的生育期长，生长量大，枝繁叶茂，耗水量多，又是需水较多的作物。由于长期灌溉的原因，也具有耐湿的特性。就棉花的耐旱性和耐湿性比较，其耐旱性强，而耐湿性相对较差。棉花的根属直根系，主根深，更增强了耐旱性。实验证明，适于根系生长的田间含水量为田间最大持水量的55％～70％，在棉田土壤含水量适宜时，则主根下扎深，侧根分布广，根系生长良好。当土壤水分过多时，特别是在棉花苗期阶段，如遇阴雨、低温，常易招致立枯病菌、炭疽病菌的蔓延危害，发生病苗、死苗，造成缺苗断垄，或棉苗生长瘦弱。

二、棉花营养生长和生殖生长重叠时间长

棉花的一生大致可划分为营养生长、营养生长和生殖生长并进、生殖生长三个阶段。第一阶段从种子发芽至花芽开始分化，一般为45天左右，此时期主要是营养器官生长（根、茎、叶）；第二阶段从花芽分化至植株停止生长，此时期为营养器官与生殖器官（蕾、花、铃、种子）生长并进，此期长达90～180天；第三阶段从棉株停止生长至全田收花结束，一般在45天以内。正常情况下，营养生长和生殖生长重叠时期占棉花一生的2/3以上。

在棉花营养生长和生殖生长重叠期的这段时期内，植株一方面在不断发叶、长枝、增节，另方面在不断现蕾、开花、结铃。就棉株本身来说，营养器官与生殖器官的关系，既相互依存，又相互矛盾。稳健的营养生长是正常生殖生长的基础，没有良好的营养生长，搭不好丰产架子，也就不可能有良好的生殖生长，就不能多现蕾、多开花结铃。但营养生长与生殖生长两者之间，存在着营养物质分配和环境需求矛盾，若促控得当，可以相辅相成，实现早发、稳长、不早衰，从而达到早熟、高产、优质；若促控不当，两者在营养物质分配上相互矛盾，或者造成营养生长过弱而早衰，或者造成营养生长过旺而蕾铃脱落严重，从而导致减产。所以在栽培过程中，应采用科学的管理办法，协调好营养生长和生殖生长之间的矛盾，使营养生长源源不断地为生殖生长提供结铃的空间和营养，促进棉株多结铃、结大铃；而另一方面，通过棉株的不断开花结铃，不断地消耗肥水和碳水化合物，生殖生长又能促进营养生长的稳健进行。这一特性为实现棉花超高产栽培奠定了物质基础。

三、棉花的自我调节能力强

众所周知，棉株能不断现蕾、开花、多次分层结铃。按理说，一株棉花能结很多棉铃，但大面积生产上，棉花的结铃率只有 30%～40%，而蕾铃脱落却占 60%～70%。棉花的这种蕾铃脱落现象，是对不良环境条件的一种生理调节反应。不仅如此，棉花的结铃还表现有自动调节能力，一般棉株结铃早、前期结铃多的棉田，往往营养器官的生长易出现衰弱，后期坐桃少或难坐桃。只有预先采取有效措施，防止棉株早衰，才能争结后期桃。棉花自我调节能力的出现，都与棉株具有无限生长习性、再生能力强、株型可控性强等有关。

（一）无限生长习性

棉花生长发育过程中，只要环境条件适宜，主茎生长点能不断地分化增长枝叶，果枝上也可不断地分化增长蕾、花、铃，从而使营养生长和生殖生长延续进行。生产上根据这种无限生长习性，采取育苗移栽、地膜覆盖等栽培措施，适当延长生育期，充分利用生长季节，增长有效的花铃期，充分发挥棉花个体生产力，夺取高产。但是这一特性受到了有限的生长季节和空间的制约，所以又要限制无效生长，采取适时打顶、合理密植、精细整枝、运筹肥水和使用生长调节剂等措施，控制不利于增产的一面。

棉花的无限生长习性与有限的生长季节之间是一对难于调和的矛盾，充分利用有限的生长季节，采取抓早发保后劲、优化结铃模式等技术措施，是充分发挥棉花的无限生长习性、实现棉花超高产栽培技术基础。

（二）再生能力强

棉花的再生能力主要表现在茎枝的潜伏芽和根系上。在棉花的生育过程中，受到旱、涝、病、虫、风、雹等自然灾害损伤后，在一定的生长季节内，只要及时加强管理，就能恢复生机，长出新的枝叶，并现蕾、开花、结铃，仍可争得一定的收成。根系的再生能力表现出主根切断后，又可发生几条较粗的侧根；侧根切断后，又可产生更多的支根。棉花苗期、蕾期根系的再生能力强，至开花期根系建成后，根系的再生能力逐渐减弱。所以，生产上在棉花苗、蕾期深中耕，能促进根系的生长。在花铃期不能深中耕，应浅锄，保护根系，防止早衰。

棉花再生能力强也有其不利的一面，在某些栽培条件下，又需要抑制这种再生能力。如肥水过多的棉田，打顶后，常产生许多无效的嫩枝、叶、蕾等，消耗养分，降低产量和品质。故要在有效临界蕾期后，采取打边心或化学整枝等办法，尽早加以控制。

棉花较强的再生能力，也为我们实现棉花高产栽培提供了两个方面的保障：一是增强了棉花的抗灾能力，受灾后只要加强田间管理，仍然可实现高产；二是能够补救一些农业措施的失误，如果某些田管措施没有及时到位或贻误农时，只要迅速采取针对性补救措施，还能挽回部分损失，夺取棉花高产。

（三）株型可控性强

棉花的植株因不同的品种、不同生态条件、不同的种植水平和种植方式，株型差别较大。就不同品种而言，棉花果枝有"0式"果枝、"1式"果枝和"2式"果枝三种类型，"0式"果枝无果节，铃柄直接长在主茎叶腋间。"1式"果枝只有一个果节，节间很短，棉铃常丛生于果节顶端。"2式"果枝具有多个果节，在条件适合时可以不断延伸增节，棉铃着生于每个果节上。"0式"果枝和"1式"果枝称为有限果枝，"2式"果枝则称为无限果枝，通常一些品种在不同的部位两种类型的果枝同时着生。此外，根据株高和果枝的节间长短，可把棉花分为紧凑型、较松散型、松散型三大类。根据果枝形态及分布，又可把棉花分为塔型、筒型、矮丛型三大类。

在不同生态、不同种植水平和不同种植方式等条件下，棉花的生育期可随播种的早晚、密度的大小、打顶的早迟以及不同的栽培方式（育苗移栽、直播、套种等）而有较大的不同，而且它的各个生育阶段的天数特别是苗期的天数都能随栽培措施的不同而有较大的变化。棉株的大小、高矮和个体群体的长势长相等，都可受环境条件和栽培措施等影响而发生变化。可以把棉株控制成每亩万株的小株，也可以培育成每亩数百株的"棉花王"，而且都能获得高产。这对各地不同条件下进行高产栽培带来了十分丰富的内容。

在长江中下游棉区，采取适当的密度配置、合理的肥水管理、科学的化学调控，就可以把棉花塑造成理想的株型，这是实现棉花超高产栽培的重要措施。

四、硼肥不足有症状

长江中下游棉区种植的棉花，以缺硼最为普遍。棉花缺硼时会引起"蕾而不花"、"花而不实"、"果而不大"，当棉花种植于潜在性缺硼的土壤时，棉株其他症状不易发生，外形与正常棉株没有区别，但叶柄环带则明显可辨。棉花严重缺硼的主要典型症状，仍是叶柄出现暗绿色环带，环带处组织肿胀、凸起，用手触摸有粗凸感觉。因此，华中农业大学的科研人员提出，叶柄环带是棉花潜在缺硼的主要形态特征。

五、广泛适应性和超高产的可能性

棉花对环境条件虽然有一定的要求，但并不十分苛刻，这是由于棉花在逐渐由亚热带向温带引种的过程中，其短日照特性已被逐渐改变成为中间日照型，这就使得它在区域分布上具有更加广泛的适应性。棉花种植已分布到我国的 25 个省、直辖市、自治区，南北跨越了 26 个纬度。无论是在长江流域、黄河流域、新疆地区都能种植棉花，并且能获得高产，各个棉区都有高产典型。

棉花对各种类型土壤也有很强的适应性。无论是平原洲地或是丘陵山区，无论是水稻土、红黄壤或是盐碱土，均可种植棉花。不过耕层深厚、疏松肥沃的中性或弱酸性土壤最有利于棉花生长，容易夺得高产。全国各类土壤种植的棉花，在经过改良和培肥后，都可高产。这为今后棉花超高产栽培技术的全面推广奠定了扎实的实践基础。

第二节　棉花超高产栽培的生态基础

长江中下游棉区，是我国优质棉优势产区。该区域光、热、水、气、土等自然资源对实现棉花超高产栽培非常有利。

一、充足的光照资源

长江中下游棉区光能资源优越，全年平均日照时数可达 2 000 小时以上，棉花有效生长期内（4～10 月）的日照时数达 1 400 小时以上，占全年日照总时数的 70%。年平均太阳总辐射量为 110 千卡*/厘米^2 以上，棉花有效生长期内（4～10 月）太阳总辐射量达 80 千卡/厘米^2 以上，占全年辐射总量的 72%。

以鄱阳湖地区的全年日照时数和太阳总辐射量为例（图 2-1、图 2-2）可以看出，各月份的日照时数和太阳辐射总量均以 7、8 两个月为峰值，逐渐向两边递减，以 1 月和 2 月为最低。全年

---

*"卡"为非法定计量单位。1 卡＝4.184 0 焦耳，1 千卡＝4.184 0 千焦。

光能资源的分布状况，与棉花生长发育对光的需求十分吻合，长江中下游棉区实现棉花超高产栽培的光照条件比较优越。

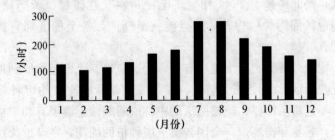

图 2-1　鄱阳湖地区全年日照时数图

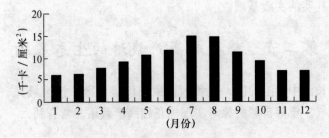

图 2-2　鄱阳湖地区全年太阳总辐射量图

二、丰富的热量资源

长江中下游棉区热量资源较为丰富，年平均气温 17 ℃左右，其中：鄱阳湖中的棠荫岛年平均气温达到 17.7 ℃。≥0 ℃的积温在 6 200 ℃以上，≥10 ℃期间的积温在 5 000 ℃以上，≥15 ℃期间的积温达 4 500 ℃以上。常年≥15 ℃期间的天数达 190 天以上，≥20 ℃期间的天数达 150 天以上。从气温角度看至少有 95 天左右的有效结铃时间，与都昌县棉花生产办公室的苗情观察资料基本吻合。按照都昌县 2006 年的苗情资料记载，平均日成铃达 0.637 个，单株总成铃数达到 60.6 个，亩成铃达 9.35 万个，平均单铃重 5.12 克，籽棉理论单产达到了 478.8 千克/亩，折合皮棉单产 191.5 千克/亩。丰富的热量资源为实现棉花超高产栽培创造了良好的条件。

棉花生长期内，各月的平均气温对棉花的生长发育都是比较适宜的，4 月份平均气温为 16.5 ℃，有利于早播育苗；5 月份平均气温为 21.5 ℃，有利于壮苗早发；6 月份平均气温为 25.5 ℃，有利于棉花现蕾；7～8 月份平均气温为 29 ℃，有利于开花结铃，多结伏桃；9 月份平均气温为 25 ℃，既有利于秋桃盖顶，又有利于棉花吐絮；10 月份平均气温仍可达 20 ℃左右，有利于纤维成熟和吐絮，各月平均气温见图 2-3。

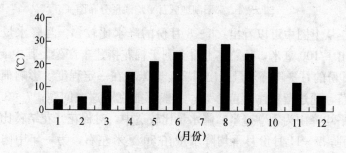

图 2-3 环鄱阳湖地区各月平均气温图

三、充沛的水资源

长江中下游棉区的水资源非常充沛，对棉花生长发育比较有利。充沛的水资源主要表现在两个方面：

一是自然降水量比较充沛。长江中下游棉区水域面积较大，有鄱阳湖、洞庭湖和长江水域，湖区小气候比较明显，自然蒸发量相应较大，自然降水量相对比较充沛，常年年降水总量在 1 200～1 500 毫米，滨湖地区降水量多于丘陵地区。由于受季风影响，降水分布不均匀，以 4～6 月份为最多，约占全年总降水量的 50%，7～9 月份降水量只占全年的 20% 左右。一年中，有大约 75% 左右的降水量分布在棉花生长期内。各月雨量大至分布见图 2-4。

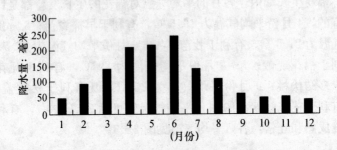

图 2-4　鄱阳湖地区月平均雨量分布图

从上图中可以看出：3～8 月份的降水比较多，月降水量均超出了 100 毫米，从总体上看有利于棉花搭建丰产架。其中 4～6 月份的月平均降水量超出了 200 毫米，在一定程度上影响棉花全苗，通过营养钵育苗移栽，一般都能克服这一问题；7～8 月份平均降雨为 120 毫米，降水量比较适中，对棉花开花结铃比较有利；9～11 月份月平均降水量在 50 毫米左右，为一年中雨量最少的时期，这段时间正是棉花集中吐絮时期，降雨量偏少，不易造成棉花烂桃，僵瓣花少，有利于提高棉花品质。但这时期干旱易造成棉花早衰，适时合理灌溉可以切实解决这一问题。

二是蓄水条件比较好。鄱阳湖、洞庭湖是我国最大的二座淡水湖，8、9 两个月的平均水位常年相对比较稳定，有利于湖区棉花提水灌溉，是湖区棉花理想的灌溉水库；在棉花抗旱灌溉期间，长江水位相对比较稳定，水量充足，为长江沿线棉区灌溉提供了充足的水源条件；长江中下游棉区库、港、塘、堰蓄水条件比较优越。以鄱阳湖北岸的都昌县为例，全县具有各类水库 255 座，其中：中型水库 3 座，小（一）型水库 39 座，小（二）型水库 213 座，年总蓄提水量为 226 亿米^3；境内有塘堰 10 822 座，年总蓄提水量达 6 900 万米^3。库塘有效灌溉面积达 28.89 万亩，占全县耕地有效灌溉面积的 59.8%。由此可见，长江中下游棉区的蓄水条件较好。

长江中下游棉区丰富的水资源，为实现棉花超高产栽培奠定了坚实的水利基础。

四、较长的无霜期

长江中下游棉区的无霜期比较长，正常年份无霜期均在 250 天以上。根据都昌县的气象资料统计，常年无霜期有 261 天，平均终霜日期为 3 月 8 日，初霜日期为 11 月 25 日。无霜期最长年份的天数达 300 天，无霜期最短年份的天数也有 227 天。

长江中下游棉区的棉花，一般在 4 月上旬播种育苗，5 月上旬进行移栽，5 月下旬至 6 月初现蕾，6 月下旬开花结铃，8 月下旬开始吐絮，12 月上中旬拔秆。按照这个生育进程推算，有效结铃期从 6 月 25 日算起，一直可以维持到 9 月底。总有效结铃期可以保证在 95 天以上。按照成铃平均日增长量 0.6 个计算，可以确保单株成铃总数达 57 个，按平均每亩 1 500 株的密度计算，亩总成铃可达 8.5 万个，按平均单铃重 5 克计算，亩籽棉产量可以超出 400 千克，折合皮棉亩产可达 150 千克以上。从季节上完全可以保证实现棉花的超高产栽培。

五、良好的土壤资源

长江中下游棉区，棉田土壤肥沃，耕层深厚。棉田土壤主要有三大类：第一类为平原洲地冲积土壤，耕层深厚，有机质含量高，土壤肥沃，pH 值适中；第二类为丘陵红黄壤，土壤偏酸性，耕层较厚，有机质含量较低，土壤相对较为贫瘠；第三类为水稻土，主要是水稻改种棉花而形成，土壤肥沃，水利条件好，易夺取棉花高产。

2006 年都昌县土壤肥料工作站通过实施测土配方施项目，检测了 4 012 个土样，平均有机质含量为 2.13%，最高值达到 4.94%，最低值只有 0.52%，在 4 012 个土样中，有 61.5% 的土样的有机质含量在 1.5～2.5 之间；铵态氮的平均含量为 22.7 毫克/千克；速效磷的平均含量为 14.6 毫克/千克；速效钾的平均含量为 77.3 毫克/千克；中、微量元素富含钙、镁、铁、锰；pH 值平均为 5.16，最高值为 6.55，最低值为 4.05。

从总体上看，整个长江流域棉区土壤显弱酸性，有机质含量适中，氮、磷、钾等大量元素比较协调，土壤的保肥能力和供肥能力较好，非常适宜棉花生长发育，为实现棉花超高产栽培奠定了良好的土壤基础。

第三节　棉花超高产栽培的生产基础

近年来，全国各大棉区都在探讨棉花超高产栽培技术体系，并取得了显著成效，出现了许多超高产典型。长江中下游棉区的棉花超高产栽培试验示范已经出现了一批亩产籽棉超 400 千克的超高产示范片和亩产籽棉超 500 千克的超高产示范户。这些成果得益于成功地推广了一系列高产栽培技术，包括营养钵育苗移栽技术、杂交抗虫棉品种应用、单畦宽行密株种植方式、化学调控和肥水管理等。并为今后棉花超产栽培技术体系的进一步完善和超高产栽培技术的大面积推广奠定了扎实的工作基础。

一、营养钵育苗移栽技术有效地
克服了保苗难的矛盾

由于长江中下游棉区 4～5 月份的降雨量比较大，气温偏低，通常会出现"清明寒"，对实现棉花全苗、壮苗造成了一定影响。

长期以来，广大棉农为了实现"一播全苗"，不得不推迟播种，到现在还传有"桐花落地棉籽入泥"、"清明早，立夏迟，谷雨播棉正当时"等农谚，历史上的直播棉花，通常播种期在 4 月 20 日前后。棉花的播种期向后推迟了半个月，无形中把棉花的有效生长期缩短了 10 天以上。

20 世纪 90 年代初，长江中下游棉区开始大面积推广棉花营养钵育苗移栽技术，实行地膜保温育苗。当时部分地区还在推广双膜育苗。棉花的播种期由原来的 4 月 20 日前后，提早到清明前后播种育苗，部分地区还成功推广了"三月苗"技术。营养钵育苗技术的推广，不仅切实解决了保苗难的问题，而且实现了适时早播保全苗的目标，奠定了棉花早发的时间基础。

二、杂交抗虫棉克服了抗虫性与
丰产性不协调的矛盾

由于 20 世纪 90 年代中期，全国各大棉区棉铃虫暴发成灾，一时间棉花的治虫成本大幅上升，黄河流域棉区的棉花生产受到了严重影响。当时为了切实解决这一问题，开始从美国引进 33B 等转 Bt 基因抗虫棉种植，"国抗"系列转基因抗虫棉也在纷纷推广，这些抗虫棉均属常规抗虫棉，桃子小、衣分低，丰产性不好。当时转 Bt 基因抗虫棉的较大面积推广应用，虽然较好地解决了棉铃虫猖獗危害问题，但是产量提高仍不明显，抗虫性和丰产性却没有得到统一和协调。

2000 年前后，长江中下游棉区开始引进杂交抗虫棉中棉所 29，江西省先是彭泽县和都昌县引进，继后鄱阳湖地区的九江、永修、湖口、德安、鄱阳等县纷纷引进推广。棉花的杂交优势和抗虫优势得到了同时发挥，棉花单产大幅度提高，生产成本显著降低，切实解决了"普通棉高产不抗虫"和"抗虫棉抗虫不高产"的矛盾。

由于杂交抗虫棉的大面积推广应用，棉花的杂种优势得到了良好发挥。棉花的杂种优势表现在产量、品质、生长发育、生理生化等不同性状上。

据有关报道，杂种棉具有明显的生长优势、物质积累优势和物质运转优势，棉花早期生长速度快，叶绿素含量高，叶绿体光化学活性强，光合速率高，总生物量大。陆地棉品种间杂种以光合优势为基础，前期表现为营养优势，后期表现为生殖优势，同化物质的分配较为合理。Meredith（1984年）综合了美国多位学者关于棉花杂种优势利用的结果，发现陆地棉品种间杂种的产量中亲优势最大，平均为18.0%，其次是结铃数13.5%、铃重8.3%、单铃种子数4.7%、衣指4.2%、籽指3.4%、衣分1.5%，纤维品质除绒长外，纤维强度和细度优势很小。由此可见，杂交棉的产量优势非常明显。为实现棉花超高产栽培奠定了品种基础。

三、单畦宽行密株种植方式克服了
个体与群体的矛盾

长江中下游棉区历史上棉花种植密度比较高，通常在3 500～4 500株/亩之间，密植方式以"一组二行"或"二组四行"两种形式的宽窄行为主，一般宽行距80 cm左右，窄行距40 cm左右，平均行距60 cm左右，株距25～30 cm。少量有等行种植的，行距60 cm左右，株距25～30 cm。

20世纪90年代初，长江中下游棉区部分县开始推广水稻田植棉，当时称为"水改旱"植棉。为了防止棉田荫蔽烂桃，棉花密度有所下降。种植密度由原来的4 000株/亩左右降低到3 000株/亩左右，密植方式由"二组四行"全部改成"一组二行"，密度配置仍然以宽窄行为主，一般宽行距由原来的80 cm左右推广大到90～100 cm，窄行距仍为40 cm左右，平均行距60～70 cm，株距则扩大到 30～35 cm。

2001 年以后，该地区大面积推广杂交抗虫棉，由于杂交抗虫棉的个体优势很明显，单株结铃性强，在棉花栽培技术体系上进行了一系列改革，当时提出了节本增效栽培技术体系，其中一项重要内容就是进行扩行减株，改宽窄行密植为等行稀植，实行双行畦向单行畦转变，密度则由原来的 3 000 株/亩左右逐步压缩到 1 500～1 800 株/亩。单株平均成铃数由原来不足 20 个提高到 40 个以上，亩成铃由原来不足 6 万提高到 7 万以上，单铃重由原来 4 克左右提高到 5 克以上，棉花籽棉平均单产则由原来 200 千克/亩左右快速提高到 300 千克/亩以上，而且烂桃僵瓣显著减少，皮棉品质大幅度提高。

四、适时适度化控克服了营养生长
与生殖生长的矛盾

20 世纪 90 年代以前，由于棉花的群体比较大，营养生长和生殖生长之间的矛盾比较尖锐。肥水调节稍有不当，就会引起营养生长过旺，造成"高、大、空"现象。由于当时化学调控技术尚没有推广普及，为了有效地控制棉花的长势，一旦棉花出现"疯长"势头，只能采取"中耕伤根、捏嫩头、推株晒行"等人工物理办法进行控制棉花的营养生长，但往往效果不理想，不能从根本上协调营养生长和生殖生长之间的矛盾。

此后，棉花化学调控技术逐渐普及推广，江西省在 1992 年普及推广了"水改旱棉花全程化控"技术，总结探讨出了棉花化学调控的技术参数，完善了技术体系。较好地塑造了棉花的理想株型，改善了棉田通风透光条件，优化了棉花内部的营养分配，有效地协调了营养生长和生殖生长之间的矛盾，从根本上克服了棉花"高、大、空"现象，实现了"梅桃压脚、伏桃满腰、秋桃盖顶"高产目标，为棉花超高产栽培奠定了基础。

五、科学的肥、水管理技术延长了
棉花的有效结铃期

长江中下游棉区，传统植棉有这样一些农谚："谷雨播棉籽，芒种把蕾现，小暑开黄花，七月半借花看，八月半捡一半，九月半棉拔秆。"从这些农谚中可以推算出棉花的大田生长期一般在180天以下，有效结铃期为7月5日至8月25日，大约50天左右。

从都昌县2000—2006年苗情观察资料可以看出，棉花的平均播种期为4月15日左右，平均现蕾期为6月5日左右，平均开花期为6月30日，平均吐絮期为8月15日前后，平均拔秆期在12月上旬（表2-1）。

表2-1　棉花有效结铃期推算表

年份	播期	现蕾期	开花期	吐絮期	拔秆期	有效结铃期
2000	4/17	6/5	6/27	8/17	12/5	100 天
2001	4/19	6/10	7/4	8/15	11/30	93 天
2002	5/2	6/14	7/5	8/18	12/10	97 天
2003	4/19	6/8	7/2	8/15	11/25	90 天
2004	4/22	6/6	7/3	8/17	12/5	95 天
2005	4/6	6/3	6/26	8/15	12/5	97 天
2006	4/4	6/2	6/25	8/15	12/12	105 天
平均	4/15	6/7	6/30	8/16	12/5	96.7 天

从表2-1可以看出，如果对棉花进行科学的肥水管理，抓早发，保后劲，长江中下游棉区丰年的棉花有效结铃期向前可以提早到6月25日左右，向后可以推迟到10月5日，总结铃时期可达102天；歉年的棉花有效结铃期也可以确保在90天以上，比传统植棉可以延长近一倍。

第三章 超高产棉花的生长发育

棉花属锦葵科、棉属。棉属中共有四个栽培种：陆地棉、海岛棉、亚洲棉（也称中棉）、非洲棉（也称草棉）。亚洲棉和非洲棉为2倍体种，具有13对染色体，其株型、叶片、花蕾、棉铃、种子都很小，产量低，品质差，在棉花生产上早已被淘汰；陆地棉和海岛棉为4倍体种，具有26对染色体，其株型、叶片、花蕾、棉铃、种子都比较大。陆地棉产量性状好，海岛棉品质性状好，现在长江流域和黄河流域棉区所栽种的棉花均为陆地棉品种。

棉花的一生，从种子萌发后就开始进行分生、分化，由于各个细胞分生和增大，促使棉株由小到大，从幼苗长成植株，这种量的增长叫生长。由细胞分化导致棉株根、茎、叶的形成，由营养体向生殖器官蕾、花、铃的转变，这种质的转变叫发育。棉花一生的生长发育过程是，由种子发芽到新的种子形成一完整的生活周期。棉花的一个生活周期，按生育进程可分成五个生育时期：发芽出苗期、苗期、蕾期、花铃期、吐絮期。按生育分化可分为营养生长期、营养生长和生殖生长并进期、生殖生长期三个时期。棉花的营养生长和生殖生长并进时间很长，"两长"之间的矛盾通常比较突出。

第一节 营养生长

一、发芽与出苗

棉花播种后，种子在适宜的温度和氧气条件下，充分吸足水分后，开始膨胀，种皮变软，各种酶开始活动，胚根靠近珠孔，先吸水伸长，从珠孔处突破种皮形成幼根，当幼根达到种子本身长度的 1/2 时，称为发芽。

种子发芽后，胚根继续伸长下扎，胚轴开始向上伸长，形成幼茎。出苗前，幼茎弯曲成膝状，幼茎用"膝部"将子叶顶出表土，并使子叶退出种壳，与胚芽一道露出土面，然后幼茎向上伸直，当 2 片子叶展平时称为出苗。

棉花种子从播种到发芽出苗所需的时间长短，受温度、水分、氧气、播种方法以及种子本身绒率的高低等诸多因素影响。

种子发芽快慢与温度的高低密切相关。棉花种子发芽出苗的最低温度为 12 ℃，最适宜温度为 28～30 ℃，最高温度为 40～45 ℃。在发芽的适温范围内，发芽出苗速度随着温度的升高而加快。当棉花种子周围土温达到 40～45 ℃时，则影响种子发芽出苗，甚至会造成高温烧芽、烧苗现象。正常情况下，营养钵地膜覆盖育苗从播种到出苗需 5～9 天，早播种的棉花，由于气温低，土温回升慢，出苗的时间相对偏长，发生苗病、死苗的几率相对较大。适当推迟播种的棉花，由于气温和地温较高，出苗相对较快，发生苗病和死苗的几率相对较小（表 3-1、表 3-2）。

表 3-1　不同年份之间发芽出苗时间记载表

（江西都昌）

年份	2000	2001	2002	2003	2004	2005	2006	平均
播期	4/17	4/19	5/2	4/22	4/19	4/6	4/4	4/17
出苗	4/25	4/28	5/7	4/27	4/30	4/14	4/11	4/25
天数	8 天	9 天	5 天	5 天	11 天	8 天	7 天	7.6 天

表 3 - 2 同一年份不同播期发芽出苗时间记载表

(江西都昌)

播期	4/12	4/15	4/20	4/23	4/25
出苗	4/21	4/23	4/27	4/29	4/30
天数	9	8	7	6	5

同一品种发芽势和发芽率在平均气温相同的情况下，恒温和变温对发芽的影响显然不同。中棉所 29 在 13 ℃恒温情况下发芽需 6.5 天，而在 13 ℃的变温情况下（平均气温 13 ℃，温差 17.5 ℃）发芽只需 3 天。由此可见，在日平均气温相等或相近的情况下，昼夜温差越大，发芽速度越快，发芽势越高。因此在日平均温度相等而温差不同的地区，温差大的地方可以适当提前播种。

种子发芽与水分关系十分密切。吸收适当的水分是棉花种子萌发最基本的条件。干燥的棉花种子含水量一般在 12% 以下，播种后最初几小时为自然吸水阶段，吸水较快，当达到萌发水分需要后，吸水量即减慢，仅为有限的代谢吸水。一般情况下，棉籽萌发所需要的水分量为种子干重的 75% 左右。棉籽的吸水速度在刚开始的 7～8 小时内吸水快，到 9 小时以后，吸水速度减慢，这时的吸水量已接近棉种萌发的水分需要。

种子发芽好坏与土壤中氧气含量的多少有关。由于棉花种子中含有油脂和蛋白质，发芽时比一般禾谷类种子需要更多的氧气，才能使这些物质顺利进行氧化、分解和利用。如果氧气不足，酶的活性降低，子叶中贮存的养分分解慢，呼吸强度低，甚至进行无氧呼吸，产生有毒物质，影响发芽，造成烂种。因此，在生产上要十分重视播种育苗期间苗床氧气供给问题，要求做到覆土不能太深，苗床水分不能过高，充分满足棉种发芽时的氧气需求。

种子发芽速度与播种方法也有较大关系。露地直播，由于气温低，保墒不好，通常发芽出苗较慢；采用地膜覆盖育苗，由于保温、保湿效果好，发芽出苗较快；进行先浸种，让棉籽吸足水分后再播种的棉花，比干籽播种的棉花发芽出苗加快。

棉籽的发芽速度与种子本身的绒率也有一定关系。通常采用硫酸脱绒的包衣光籽发芽较快，带短绒的毛棉籽发芽出苗相对稍慢，毛籽中，绒量高的发芽出苗比绒量低的要慢。

二、根的生长与功能

(一) 根的形态

棉花为直根系作物，其根系由主根、侧根、支根、毛根组成，根系形状呈倒圆锥形。

棉花种子萌发时，胚根首先从珠孔长出，形成幼根，迅速伸入土中，发育成主根。主根上粗下细，生长时一般垂直向下，入土深度可达 2 米左右，有的能超出 3 米。

棉花生长前期，在主根向下生长的同时，离主根生长点约 10 cm 处发出一级侧根。一级侧根起初近似水平生长，以后斜向下生长。在一级侧根生长点后的 5 厘米处，又会分生出二级侧根。在适宜的条件下，可继续分生三级、四级甚至五级侧根。

由于棉花的初生根多为四原型，故一级侧根大多呈四行排列，形成四列侧根，向四周伸出，俯视近似十字形。

侧根发生的部位主要在 10～30 厘米土层内，一般上部侧根伸展较远，横向扩展可达 60～100 厘米，随着侧根发生部位的下移，侧根的伸展范围逐渐缩小，整个根系网因此而形成倒圆锥形。

移栽棉的根系与直播棉不同，移栽棉在移栽起苗的过程中，主根大多被折断，主根的顶端优势被打破，侧根非常发达，根系常呈鸡爪状，入土较浅，吸收力比较强，但耐旱抗倒能力不及直播棉。

棉花根系的吸收功能集中于根尖，根尖位于幼根顶部，一般长度数厘米。根尖从根端向上可依次分为根冠、分生区（也称生长锥）、伸长区和根毛区（又称成熟区）四个部分。这四个部分的变化是动态的、渐进的，因而没有截然的分界线。

根冠：位于根尖的最先端，由许多薄壁细胞组成，它是生长锥的外罩。根冠主要起到保护生长锥和控制根生长方向的作用。根冠区的长度大约 0.25 毫米。

分生区：也叫生长锥，是根尖端的一个分生组织，由分生细胞组成，大部分被根冠所包围，全长只有 1 毫米左右。其主要作用就是使根尖不断增加新细胞。

伸长区：位于分生区后约 2～5 毫米处，其主要作用是细胞伸长和体积增大使根尖向前延伸。同时，开始进行组织分化。

根毛区：也叫成熟区，位于伸长区后的数厘米，此区细胞基本停止增大和伸长，组织分化已成熟，形成了完整的维管束系统，其部分表皮细胞向外突出形成根毛，是根部吸收水分和矿质元素的主要部位。

（二）根的生长

棉花整个根系的生长大致可分为发展期、生长盛期、吸收高峰期、机能衰退期四个时期。

根系发展期：时间为从种子萌发到现蕾，大约 50 天左右。在这一时期，主根入土速度每天可加深 2 厘米左右。棉花出苗后的 3～4 天，主根入土深度可达 10 厘米以上，第一批一级侧根开始发生。现真叶时出现第一批二级侧根。棉花现蕾时主根入土深度可达 80 厘米左右，上部侧根长度可达 40 厘米左右，水平伸展可达 35 厘米，株间根系已经交叉，行间根系开始相接，棉花根系基本形成。

根系生长盛期：时间为整个蕾期，大约为 30 天左右。此时主根每天可以伸长 2.5 厘米左右，在主根生长加快的同时，侧根生长也相应加快，尤其是次级侧根大量发生。这一时期的主要侧根大多分布在 10～40 厘米的土层内，上部较大的侧根转而向下伸展，深度可超过 100 厘米，横向扩展可超过 50 厘米。

根系吸收高峰期：时间为整个花铃期，大约 60 天左右。此时主根每天只延伸 0.5～1 厘米，大侧根生长也因让位于小侧根而逐渐减慢。花铃盛期后，主根基本停止生长，这时主根的长度约为株高的 2～3 倍。主要根系虽入土深达 40～80 厘米，甚至超过 80 厘米，但大量的活动根系仍然分布于 10～40 厘米的土层内，横向扩展离主根可达 40～70 厘米。此时期根系网基本建成，次级小侧根和根毛大量发生，加上棉株地上部分生长发育旺盛，也就形成了根系吸收矿质养分和水分的高峰期。

根系机能衰退期：时间为吐絮期以后的有效生长期，棉花进入吐絮期后，主根每天生长量不足 0.5 厘米，在耕作层中的活动根数量大幅减少，根系活动机能逐渐衰退，吸收矿质养分的能力明显下降，特别是吸收氮素的能力锐减，这是正常现象。如果棉株中、下部坐桃较少，根系则能得到较多的有机养分，那么根系的活动机能不能正常衰退，若肥水控制不当，会出现"秋发"贪青。如果棉株中、下部坐桃较多，根系能得到的有机养分较少，那么根系的活动机能过早衰退，若肥水供应不上，会出现"早衰"现象。

（三）根的功能

根系的作用主要有五个方面：一是吸收水分和矿质元素；二是对水分、矿质养分和有机养分的输导作用；三是对棉花植株的固定作用；四是进行生理代谢作用；五是对矿质养分的贮藏作用。

影响棉花根系生长的环境因素有：温度、水分、氧气、无机养分和有机养料等。

三、茎和分枝的生长及其功能

(一) 茎的生长

棉花的主茎是由顶芽分化经单轴生长而成。先是顶端分生组织不断分化叶和腋芽，形成节和节间。在节和节间不断形成的同时，节间依次伸长，使主茎不断增高。

棉株主茎的高度称为株高，株高是子叶节至顶部第一片展开叶片基部之间的距离，通常以厘米表示。一般长江流域棉区种植的陆地棉品种，株高大多在 110～150 厘米之间。

棉株正在伸长的嫩茎横断面呈五边形，随着主茎各节的依次加粗，老茎逐渐变为圆柱形。棉株主茎的粗细，通常作为衡量棉苗素质的一个重要指标。

嫩茎表皮呈绿色，经长期阳光照射，皮层中逐渐形成花青素而使茎色变成紫红色，老茎表皮呈棕褐色，整个棉花主茎的颜色表现为上绿下红。棉株主茎红色部分长度占主茎总长度（株高）的比例称为红茎比例，红茎比例是棉花看苗诊断的重要指标。

棉花株高的增长速度通常以主茎日增长量表示，棉花主茎日增长量受温度、肥水和生育时期的影响。一般情况下，当气温适宜、肥水碰头时，棉花主茎日增长量较大。相反，在气温偏低或偏高、干旱缺肥时，主茎日增长量则明显偏低。在同一天内主茎的增长速度夜间大于白天，株高昼夜增长量的变幅，晴天较大，阴雨天较小。

根据都昌县 2000—2006 年连续七年棉花苗情观察数据，棉花各生育时期的主茎日增长量以苗期最小，现蕾前主茎平均日增长量小于 0.5 厘米/天。现蕾后主茎日增长量明显加快，盛蕾初花期为增长高峰，6 月 20 日至 7 月 5 日期间，主茎平均日增长量超过了 2 厘米/天，6 月 25 日前后为最大值，主茎平均日增长量达到了 2.48 厘米/天。花铃盛期后，逐渐减慢，7 月 25 日后，主茎平均日增长量小于 1 厘米/天，整个主茎增长动态见图 3-1。

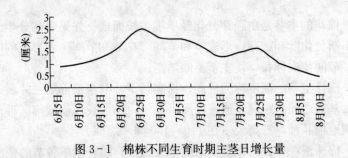

图 3-1　棉株不同生育时期主茎日增长量

（二）分枝的生长

1. 叶枝与果枝的区别　　分枝是由主茎各节上的腋芽萌发而形成的。棉花的分枝有叶枝和果枝之分。

叶枝又称营养枝、公枝，它与果枝在形态、习性、着生部位等很多方面都存在着本质上的区别，主要区别有以下 6 个方面：

（1）着生部位不同　　叶枝主要生长在棉株的基部 4～7 节，而果枝则着生在基部 5～7 节以上。

（2）分枝类型不同　　叶枝为单轴生长，而果枝则为多轴生长。

（3）枝条长相不同　　叶枝为斜直向上生长，与主茎的夹角较小，而果枝则以近水平方向曲折向外生长，与主茎的夹角比较大。

（4）叶的分布不同　　叶枝第一叶为先出叶，以后各叶均为真叶，而果枝各节第一叶为先出叶、第二叶为真叶。

（5）叶序不同　　叶枝的叶序为螺旋形互生，而果枝的叶序为左右对生。

（6）花蕾着生不同　叶枝上的花蕾间接着生于二级果枝上，而果枝的花蕾则是直接着生。

2. 果枝的功能　果枝是棉花产量形成的主要部位。一棵棉株上通常有不同类型的果枝（前面已经提到过）。正常情况下，长江流域棉区棉花单株果枝数可达 18～21 台，以无限果枝为主。每个果枝可现蕾 4～7 个，全株可现蕾 80～150 个。

（三）茎枝的功能

主茎和分枝是棉花地上的主要部分，有以下四大功能：

1. 支撑作用　棉花的主茎，上支撑棉株地上部分的分枝，下连接地下部分的根系；棉花的分枝，上支撑花蕾和叶片，下连着主茎。由此而使棉株的地上和地下部分形成了一个有机的整体。

2. 输导作用　棉株主茎和分枝的维管束系统，上连叶片和花蕾，下通根系，使棉株建立了一个上、下、左、右完整相通的输导网络，是根系与叶片、花蕾之间水分、矿质营养和有机养分输送的唯一通道。

3. 光合作用　棉株茎枝的绿色部分靠近表皮的薄壁细胞含有叶绿体，具有进行光合作用的功能，是棉株的同化组织，能制造少量的有机养分供棉株利用。

4. 贮藏作用　棉株茎枝的韧皮部的薄壁细胞和皮层薄壁细胞都具有贮藏功能，可以把叶片制造的有机养分暂时贮藏起来，然后在需要的时候再供给根系和其他部分利用。

四、叶的生长与功能

（一）叶的类型与形态

棉叶是棉株进行光合作用的主要器官。棉花有子叶、先出叶、真叶三种不同类型叶片。真叶按着生部位不同，又分为主茎叶和果枝叶。

1. 子叶　棉花有二片子叶，子叶有叶片、叶柄，无托叶，属不完全叶。陆地棉子叶的形状为肾形，绿色，基点呈红色，宽约 5 厘米左右，二片子叶对生，一大一小，小子叶的叶面积约为大子叶的 80%。

子叶展平后，叶色由淡色转为绿色，进行光合作用。一般子叶展平后的 3～6 天，子叶迅速增大增厚，20 天后即停止生长。子叶的功能期一般在 30 天左右，在适宜的条件下，可存活 60 天左右，60 天后自行枯落，留下一对痕迹，称子叶节。

2. 先出叶　棉花的先出叶是每个枝条抽出前，先出现的第一片不完全叶。先出叶大多无叶柄，没有托叶，形状有披针形、长椭圆形和不对称卵圆形等，一般叶宽 5～10 毫米，生命期一个月左右，一个月后自然脱落。由于先出叶着生节的节间不伸长，它所处的部位和形态均与托叶相近，通常易和托叶相混淆。

3. 真叶　棉花的真叶属完全叶，有叶片、叶柄和托叶，是棉花进行光合作用的主要场所。棉株子叶节以上的每一个节都着生一片真叶。

真叶的叶片多数为掌状，通常有 3～5 个裂片，个别品种可达 7 个。除常态的品种外，还有少数鸡爪叶型和超鸡爪叶型的品种，其优点是能抗卷叶虫，并由于透光性好，烂铃较少；缺点是光能截获率低。一般主茎第一片真叶全缘，至第二片真叶才有 3 个明显的裂片，以中部主茎叶的裂片数最多。棉花真叶上大多有茸毛，叶背多于叶面，叶脉多于叶肉，有些棉花品种，叶正面无毛。

在叶背面中脉上离叶基约 1/3 处有一个凹窝，为棉花叶片的蜜腺，有的在两侧裂片上的侧脉也生有蜜腺，最多的在 5 条叶脉上都着生蜜腺。蜜腺窝内有许多乳头状突起，可分泌蜜汁，为昆虫所喜食。

真叶的叶柄，一般主茎叶长于果枝叶。叶柄的长短除受品种特性影响外，与肥水等环境条件关系十分密切。

叶柄基部两侧各生一枚托叶，一般情况下，主茎叶的托叶呈镰刀形，果枝叶的托叶呈三角形。

棉花真叶的叶序，主茎叶和叶枝叶为螺旋形互生，叶序常为3/8螺旋式，即8片真叶绕主茎或叶枝3周。果枝叶的叶序为左右两行交错排列。

（二）叶的生长

棉花叶片数增长的快慢，主要取决于叶原基形成的速度。一般在适宜的温度范围内，温度越高，有机养料供应越充足，则叶原基的形成速度越快，展新叶的间隔时间也就越短。在正常情况下，从子叶展平到第一片真叶的展开，大约需要10天左右，第二、第三叶各需5～7天，第四叶至第七叶各需3～5天，第八叶以后各叶约为3天左右。盛花期后，主茎展叶速度减慢。各生育时期主茎叶的出叶速度见图3-2。

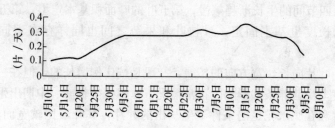

图3-2　棉花不同生育时期主茎出叶速度
(江西都昌)

果枝叶的形成速度大致和同龄期的主茎叶相近。果枝展叶间隔时间，纵向间隔期（相邻果枝同节位）大致与同部位主茎叶相近，约需3天左右，横向间隔期（同果枝相邻节位）需5～7天。

真叶的生长，大致可分为以下三个阶段：

第一阶段为叶原基分化形成期。从叶原基开始分化至幼叶展平前，时间大约需 20～30 天，由下至上时间逐渐缩短。这一阶段主要是叶原基的分化和形成，叶面积的增长甚微。

第二阶段为叶面积增长期。从幼叶展平至叶面积基本定型，时间大约在 12～15 天。这一阶段叶片迅速增大增厚，在迅速生长的同时，开始进行光合作用，发挥功能。

第三阶段为定型期，从叶片大小定型至脱落，时间大约 60～75 天。其中光合产物的输出期的天数大约有 50～55 天左右。叶片定型后，生长逐渐停止，进入光合高效期，充分发挥其生理功能，直至叶片衰老后，功能减退，最后枯黄脱落。棉花叶片功能期的长短与肥水供应状况关系非常密切，在生产管理中，保证充足的肥水和平衡的矿质养分供应，可以有效地延长叶片的功能期，这是夺取棉花高产的最关键技术环节。

棉花主茎叶的生长，与主茎节间的伸长具有明显的同伸关系。一般由上而下倒数第一叶为刚展平的新叶，倒数第一节间为新生节间，生长均较缓慢；第二叶和第二节间生长显著加快；第三叶叶面积增长速度最快，第三节间的伸长也最为迅速；第四叶和第四节间的生长渐趋减慢；第五叶的叶面积基本定型，第五节间的长度也基本固定。果枝叶和果节之间也同样存在着同伸关系。

叶片向长、宽方向的扩展，一般是按比例增长的，但在一定程度上受营养条件影响。正常情况下，棉株生长前、中期出生的叶片和在肥水充足的条件下生长出的叶片，其叶形比较宽而短，而后期出生的叶片和在肥水不足的条件下形成的叶片，通常比较狭长。由此可见，叶片的宽度可以作为棉花营养诊断的主要指标。在生产中，常常以倒四叶宽来判断棉花的长势。

(三) 叶的功能

叶片的主要功能是进行光合作用，合成碳水化合物供植株生长发育的需要。同时叶片还具有蒸腾水分、临时贮存养分、吸收可溶性物质和呼吸作用等生理功能。此外，托叶还有促进生长素合成的作用，对根系的发育能产生良好的影响。

1. 光合作用 植物通过叶片，在阳光的作用下，把水和空气中的二氧化碳合成碳水化合物（葡萄糖）并生成氧气，这个过程就叫做光合作用。光合作用是植物的同化过程，其实是太阳能转化为生物能的能量转化形式。

通俗地讲，光合作用的原料是二氧化碳和水，光合作用的场所是叶片中的叶绿素或叶绿体，光合作用的能源是太阳光；光合作用的产物是葡萄糖和氧气。它可以用一个方程式表示：

$$6CO_2 + 6H_2O \xrightarrow[\text{叶绿素}]{\text{阳光}} C_6H_{12}O_6 + 6O_2 \uparrow$$

子叶的光合生产率随着叶面积的扩展而递增，叶面积定型后，随日龄增加呈直线下降。在三真叶期前，子叶面积在叶面积中占有较大比例，对供给幼苗生长所需的养分起到了十分重要的作用。保护好幼苗子叶，对棉花壮苗早发具有较大意义。

真叶的光合生产率，自幼叶展平至叶面积基本定型期间，随其叶面积扩展而递增，展叶后的第 3～6 周为高效期，输出速率也最高，第 6 周以后输出率平稳下降，其功能期一直可以维持到第 9～10 周。

棉花主茎叶与果枝叶，光合强度和光合产物的组成，都有明显差异。因此，在棉花生产上，不仅要控制好适宜的叶面积系数，还要注意调节主茎叶和果枝叶的叶面积比例。棉花主茎叶的光合强度高于果枝叶。主茎叶的光合产物中，蛋白质所占比例比较高，适合于枝、叶等营养生长的需要。果枝叶的光合产物中，碳水化合物占绝大多数，其碳氮比例更适合蕾、铃等生殖生长的需要。

2. 蒸腾作用 棉花根系从土壤中吸收水分，经过茎枝输送到叶片中，最后从叶片的气孔向外散失，这个过程叫做蒸腾作用。由于蒸腾作用，水分在棉株内形成了一个水流。

蒸腾作用在棉株生理活动上有以下三个方面作用：

（1）可以使叶细胞保持最合适的膨压，以利于光合作用和正常生长。

（2）可以促进矿质养分的吸收和向枝叶输送。

（3）可以有效降低棉株体温，以免烈日灼伤。在炎热的夏天，保持正常膨压棉叶的蒸腾速率可比萎蔫棉叶快25倍，叶温也相应低5～6℃。一般供水充足棉株的叶温可比周围气温低3～4℃，这样有利于高温季节生理活动的正常进行。而缺水萎蔫棉株的叶温则比周围气温高2℃左右，影响生理活动的正常进行。

棉叶的蒸腾作用受气孔的制约。在正常情况下，白天气孔曝光后张开，开始进行蒸腾作用，夜晚气孔关闭，蒸腾作用基本停止。

3. 贮存作用 棉叶经光合作用所合成的葡萄糖，很快转变成淀粉，暂时贮存在叶细胞内。晚上，所贮存的淀粉又分解成可溶性糖运出叶外。这样叶片中的淀粉含量和叶片干重便出现昼升夜降现象。除淀粉外，棉叶中还可暂贮存甘露醇等其他物质，与其他器官相比，棉叶中贮存的碳水化合物最多。

叶片衰老时，叶片中的贮存物质和部分结构物质加速向其他器官转移，然后枯黄脱落。棉花进入吐絮成熟期，氮、磷等许多矿质元素也由棉叶向棉铃转移。

4. 吸收作用 棉叶表皮层的气孔和角质层都有一定的吸收作用，且吸收速度相当快。在棉花生产中，经常利用这一性能，通过喷洒内吸性农药防治病虫害，喷施生长调节剂调控棉花生长，喷施尿素、磷酸二氢钾及微量元素补充棉株矿质营养。尤其是棉花生育后期，根系吸收机能衰退，叶面追肥显得更为重要。

5. 呼吸作用 呼吸作用是一种典型的异化作用。植株通过呼吸，把光合积累的有机产物分解成二氧化碳和水，释放出能量供植株生理代谢需要。通俗地讲，呼吸作用就是光合作用的逆反应。

棉花叶片具有较强的呼吸作用。呼吸作用的强弱，与光、温等环境因素关系较为密切。通常夜晚的呼吸强度大于白天，高温时期大于低温时期。在昼夜温差较大时，棉叶的呼吸消耗较小，而光合积累较多。相反，在昼夜温差较小时，棉叶的呼吸消耗增大，光合产物积累相应减少。

在相同的环境条件下，同样大小叶片的呼吸量大致相等，而光合积累不一定相同。在叶面积系数过大时，田间通风透光条件差，下部和内围叶片受光少，光合效能相应较低，但呼吸消耗不减。由此可见，当叶面积过大时，会影响光合产物的积累。在生产实践中，应控制适当的叶面积系数。

第二节　生殖生长

棉花的花芽分化、现蕾、开花、结铃、种子发育、纤维成熟等都属于棉花的生殖生长。棉花的生殖生长直接影响到产量的形成。协调营养生长，促进生殖生长，是实现棉花超高产栽培的重要措施。

一、花芽分化与蕾的发育

（一）棉花的花芽分化

棉花的花蕾是由果枝的顶芽发育而成的。当棉苗第 2～3 片真叶展平时，棉苗主茎上已分化出 8～10 个叶原基（包括展开叶），一般在第 5～7 节幼叶叶腋里的腋芽，发育成果枝原基，其顶芽发育成花原基，这是棉株生殖生长的开端。棉花花芽分化顺序是：按照苞叶、花萼、花瓣、雄蕊、心皮由外向内作向心分化。以每一种花器原基的出现为起点，花芽分化的过程大致可分为花原基伸长、苞片原基分化、花萼原基分化、花瓣原基分化、雄蕊原基分化、心皮原基分化 6 个时期。

1. 花原基伸长期　在果枝原基分化出一个先出叶原基和一个真叶原基后，真叶原基分化出托叶原基时，顶芽的生长锥明显膨大伸长而形成圆柱形突起，这个时期即为花原基伸长期，也是花芽分化的开始。

2. 苞叶原基分化期　在花原基膨大伸长不久之后，在真叶原基的对面、花原基中上部位置，先分化一个边缘光滑呈半环状椭圆形突起，即为第一苞原基，是苞叶分化的开始。这时，同一果节的完全叶和不完全叶的腋芽原基也往往明显突起，尔后相继分化第二和第三个苞叶原基。三个苞叶原基形状相似，初时为全缘光滑，以后迅速长大，同时边缘出现裂齿状。

3. 花萼原基分化期　在三片苞叶原基增大向中间包围将要合拢时，其内侧形成一环状突起，即花萼原基开始形成。然后在环状突起上形成 5 点隆起，迅速向上伸长，成为合萼的 5 个萼片顶端。

4. 花瓣原基分化期　在花萼原基分化之后，花萼内顶心部分的花瓣和雄蕊原基共同体呈圈状隆起，然后在这一圈状隆起的外侧面形成 5 个和萼片突起交替排列的花瓣原基，这时为花瓣原基分化的开始。

5. 雄蕊原基分化期　花瓣原基突起不久后，在隆起的顶端中间部分凹陷并分化成 5 个裂片状突起，即为 5 个雄蕊管原基。然后各枚裂片中央的内侧，成对发生小突起，这时为雄蕊原基分化的开始。

6. 心皮分化期　在雄蕊管原基向上生长的同时，当每个雄蕊管原基突起上分化出 2～3 对雄蕊原基后，在雄蕊管里面的中央底部分化产生 3～5 个突起，即为心皮原基。

（二）现蕾

当花芽分化进入心皮分化期时，幼蕾已达 3 毫米左右，即达到现蕾标准。此时，肉眼已能识别。一般由花原基伸长至心皮分化需 15～20 天。

影响现蕾迟早的主要因素是温度，虽然棉花是短日照作物，但是经过长期的人工种植驯化，其短日照特性已被改变成为中间日照型，在春天、夏天、秋天、冬天，只要温度合适，都可以现蕾天花，日照长短对现蕾的影响并不十分重要。北京大学生物系早在 1976 年就总结出了棉花现蕾的两个基本条件：一是苗龄必须达到 35 天，二是日平均气温必须达到 20 ℃。

棉苗的长势对现蕾迟早的影响很大，在生产中，通常健壮的一类苗现蕾较早，而瘦弱的三类苗通常现蕾较晚。都昌县棉花生产办公室 2003 年对中棉所 29 观察：两个观察点播种期均为 4 月 22 日，其中一个点棉苗长势较好，现蕾期为 6 月 6 日；另一个点苗势较弱，现蕾期则为 6 月 14 日。两个点同一个品种、相同的播期，由于棉苗的长势不同，现蕾时间却相差 8 天。

棉花的不同品种对现蕾的迟早也有很大影响。据都昌县棉花生产办公室观察，5 个观察品种在同一天播种、同等肥水管理的情况下，现蕾最早的和最晚的两个品种相差 6 天（表 3-3）。

表 3-3　不同品种现蕾情况表

（江西都昌，2006）

品种名称	播种期	现蕾期	苗期天数
三杂棉 4 号	4 月 4 日	6 月 4 日	61 天
金棉 631	4 月 4 日	6 月 3 日	60 天
先杂棉 1 号	4 月 4 日	6 月 8 日	65 天
湘杂棉 3 号	4 月 4 日	6 月 3 日	60 天
金农棉 2 号	4 月 4 日	6 月 2 日	59 天
平　均	4 月 4 日	6 月 4 日	61 天

（三）蕾的发育

现蕾后，随着花蕾各部分的逐渐长大，雌蕊和雄蕊也逐渐成熟。各枚心皮也逐渐长大，心皮两缘开始转为向心生长，相邻的两枚心皮向心部分互相合拢，组成子房各室的隔片。各心皮中央有一主脉，中央嵌生一薄层薄壁细胞，此处形成一条纵沟，将来棉铃成熟时即从此纵沟开裂。各心皮向心生长部分在子房中央相遇后，其边缘又背心卷回，组成中轴胎座，每边着生一列胚珠。在各心皮的下部形成子房的同时，其上部聚合后向上生长，则形成细长的花柱和柱头伸入雄蕊管，等到开花前一天的下午才伸出雄蕊管。柱头上的纵沟即是两心皮相遇的遗迹。

棉花雌蕊中雌配子体和雄蕊中的雄配子体分化后，需经25天左右才能发育成熟。当胚珠原基形成初期，由于一侧生长较快，便不断弯转向下，最后成为倒生胚珠。由胚珠原基外围分生的外珠被和内珠被逐渐延伸长大，包住珠心，最后只在顶端留下一个孔道，称为珠孔。珠柄则与外珠被愈合，原来珠柄顶端部分未再分化，是为合点。由珠心原基产生造孢细胞，经增大变为大孢子母细胞，或称胚囊母细胞。减数分裂后，形成四分体大孢子，其中靠近珠孔一端的3个大孢子逐渐解体，只留下靠近合点一端的一个大孢子继续发育，经3次分裂，形成8核胚囊，此即为雌配子体。近珠孔端为1个卵细胞和2个助细胞，中央为2个极核细胞，近合点端为3个反足细胞。临近开花前，胚珠发育成熟，形状为倒梨形，其直径不足1毫米。

由雄蕊原基产生造孢细胞，经过细胞分裂形成60～120小孢子母细胞，也称花粉母细胞，这时约在开花前的7～10天。经减数分裂，每个小孢子形成四分体小孢子，分离后的小孢子就是单细胞的花粉粒。随着小孢子体积的增大，其外形变圆，外壁加厚，刺状突起增生，并出现许多萌芽孔，此时花粉粒渐趋成熟。

（四）现蕾规律和蕾增长动态

1. 现蕾规律 棉花进入蕾期后，同一棵棉株不同果枝和果节现蕾的顺序具有一定规律。总的规律是，不同果枝的现蕾顺序是由下向上，同一果枝不同果节的现蕾顺序是由内向外，以第一果枝第一果节为中心，呈螺旋形由内圈向外圈逐步推进。相邻果枝同一果节的两个花蕾称为同位蕾，现蕾的时间大约相隔 2～4天；同一果枝相邻的两个果节上的花蕾称为邻位蕾，其现蕾相隔时间大约 5～7 天。

2. 蕾的增长动态 棉花蕾增长动态受棉株的长势、所处的生育时期、温度、光照、肥水等综合条件影响。从长势情况看，通常长势好的壮苗蕾增长速度快，长势弱的棉株花蕾增长速度较慢；从生育时期看，现蕾后蕾增长速度逐渐加快，到花铃盛期达到最高峰，以后随着棉株的衰老又逐渐减慢；从温光条件看，光照充足、气温适宜时蕾增长速度加快，相反，在通风透光条件差、温度过高或过低时，蕾增长速度减慢；从肥水条件看，在肥水充足、营养协调的情况下，蕾增长速度加快，在干旱、缺肥的情况下，蕾增长的速度则明显减慢。在肥水、光温等环境条件相同的情况下，棉花蕾增长总的动态与棉花所处的生育时期关系十分密切（图 3-3）。

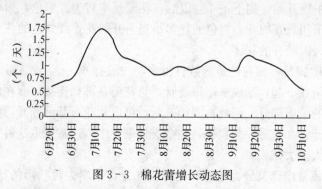

图 3-3　棉花蕾增长动态图

二、花的形态与开花

（一）花的形态

棉花的花属于两性花，花冠大而鲜艳，花中具有蜜腺，花粉粒表面有刺突，便于昆虫传粉。棉花在正常条件下异花授粉率在5%～20%之间，所以把棉花称为常异花授粉作物。

棉花的花属完全花，具有苞叶、萼片（花萼）、花瓣（花冠）、雄蕊、雌蕊等五个部分组成。

1. 苞叶 棉花现蕾时可以明显看到三片苞片，完全包裹着花芽而呈三角形状。苞叶是花的最外层，其功能有保护器官和进行光合作用。苞叶呈三角形，上缘有深浅不等的苞齿，基部外面各有一个蜜腺。

2. 花萼 棉花的花萼由五个萼片联合构成，围绕花冠的基部，呈浅杯状，上缘五裂齿形。花萼内侧的周缘有一排蜜腺，能分泌蜜汁，引诱昆虫传粉。

3. 花冠 棉花的花冠由五片花瓣互相旋叠组成。花瓣为倒三角形，在未开花时，有表皮毛使花瓣互相旋叠得很紧密。花瓣的颜色，开花前为乳白色，开花后逐渐转为红紫色，颜色的变化从中午后开始，到下午4时以后，花瓣基本转为红紫色。如果上午在田间观察棉花，白色的花都是当天开的花，红紫色的花全部是昨天以前开的花。

4. 雄蕊 棉花的雄蕊数目很多，一般有60～90枚。雄蕊基部联结在一起，形成一个雄蕊管，与花瓣基部相连接，套在雌蕊花柱的较下部分。因此，剥雄蕊时，可以从花冠基部撕开，将整个雄蕊管和花冠一起剥去，在杂交棉制种中，通常采取这种方法进行人工去雄。

每个雄蕊又分为花药和花丝两部分，上端为肾状形的花药，下端为花丝，花丝着生在花药中间凹入的地方。

每个花药里面有几十个到一百多个花粉粒，花粉粒呈圆球状，表面有许多突刺，颜色因品种而异，陆地棉多为乳白色。

5. **雌蕊**　棉花的雌蕊由柱头、花柱、子房三部分组成。柱头位于花柱的顶端，表面中央覆盖着一层厚的长形而略尖单细胞毛。花柱的顶端为柱头，下部连子房，在开花前数天花柱伸长，突出雄蕊管上面。雌蕊的下面部分是子房，棉花的子房呈宽底烧瓶状，子房由 3～5 个心皮组成，这些心皮的上部组成花柱和柱头，下部形成子房。子房分隔成 3～5 室，每室内有 9～11 个胚珠，胚珠受精后，发育成种子。

（二）开花

棉花现蕾后 25～30 天左右开花，农民群众有"蕾见花二十八"的说法，即当花器的各部分都已发育成熟，即行开花。开花包括花冠张开、花粉粒散出、授粉、受精等过程。

在开花的前一天下午 2 时以后，花冠急剧生长，露出苞叶顶部，这是开花的先兆。通常开花时间大多在翌日上午 8～9 时之间。温度高时稍早，温度低时稍迟。开花时花冠张开，花朵各蜜腺分泌蜜汁，花药开裂并散出花粉，开始进行授粉。

落到棉花柱头上的花粉，一般在 1 小时之内即可萌发伸出花粉管。花粉管穿入柱头，沿着花柱传递组织的细胞间隙向前生长。随着花粉管的伸长，花粉粒内的贮藏物质随之集中到膨大的花粉管前端，而在后部较老部分则产生一种胼胝质栓将花粉管前后隔开。花粉管到达子房的时间大约需要 8～15 小时，花粉管进入子房后，经过珠孔进入胚囊，释放出 2 个精细胞，一个精细胞与卵细胞结合成受精卵，将来发育成胚；另一个精细胞则与二个极核细胞融合成胚乳核，将来发育成胚乳，这个过程称为"双受精"。从授粉到完成受精大约需要 24～48 小时，时间的长短因品种和环境条件的不同而不同。

棉花全株的开花顺序与现蕾基本一致，由下而上，由内而外，以第一果枝第一果节为中心，呈螺旋形曲线推进。相邻果枝同节位的花，开花间隔为 2～4 天，同一果枝相邻节位的花，开花间隔为 5～7 天，但有时受天气变化略有差异。

三、结　铃

棉花开花受精后，子房不断发育增大，形成棉铃，这个过程称为结铃，在生产上通常称作坐桃。长江中下游棉区正常年份，从 6 月底便开始坐桃，一直可以维持到 10 月中下旬。根据棉花的结铃时期，可把棉铃划分为伏前桃（也称梅桃）、伏桃、秋桃，通常称之为"三桃"。三桃具体划分的时间是：7 月 15 日以前所结的棉铃为伏前桃；7 月 16 日至 8 月 15 日之间结的棉铃为伏桃；8 月 16 日以后结的棉铃为秋桃。在秋桃中，按结铃时间又可以分为早秋桃和晚秋桃，通常早秋桃可以在 11 月 20 日前正常吐絮，而晚秋桃的吐絮多为霜后花。早秋桃和晚秋桃的划分时间通常以 9 月 15 日为界，8 月 16 日至 9 月 15 日之间所结的棉铃为早秋桃；9 月 16 日以后所结的棉铃则为晚秋桃。

（一）棉铃的形态

棉铃在植物学上称为蒴果，由 3～5 个心皮组成，每一心皮两边缘向内延长，成为棉铃的一室。各心皮上部相聚的地方称铃尖，铃尖之下称铃肩。

根据铃尖、铃肩及铃基部的形状，通常可把棉铃分为圆球形、卵圆形、椭圆形等多种铃形，此外还有桃形、圆锥形等。棉铃形状主要决定于棉花的品种特性，一般不同的品种铃形有所不同，陆地棉品种的棉铃大多比较圆，而海岛棉品种的棉铃通常比较瘦长。同一品种的棉铃，亦因室数不同而稍有差异，室数多的棉铃较圆，室数少的棉铃稍尖。棉铃的铃尖有骤尖和渐尖之分，圆球形和椭圆形的棉铃多骤尖，而椭圆形和桃形的多渐尖。骤尖的棉铃有明显的铃肩，而渐尖的铃肩则不明显。

棉铃外形的大小和铃色也与品种有关。棉铃的大小主要决定于品种特性，现在通常栽种的陆地棉品种，单铃重大都在 4.5～6 克之间，棉铃大的品种通常结铃率比较低，着铃密度比较小；而铃形偏小的品种大多结铃率比较高，着铃密度比较大。在同一品种中，室数多的棉铃相对偏大，室数少的棉铃则相对小些；中部和内围棉铃相对偏大，而底部、顶部和外围的棉铃则相对小些；肥水充足的棉铃偏大，而缺水缺肥的棉铃则相对偏小。陆地棉品种油点深藏在表皮层下面，铃表平滑，铃面颜色常为浅绿色或绿色；而海岛棉品种油点浅露，铃表面有凹点，铃面颜色多为深绿色。

棉铃的室数，一般陆地棉为 4～5 室，3 室的很少；而海岛棉多为 3 室，4 室的较少。棉铃室数也因环境条件而不同，凡栽培条件差的棉铃室数相对较少，肥水条件好的室数相对多些。

（二）棉铃的发育

棉铃由受精后的子房发育而成，俗称棉桃。棉花开花结铃以后，原来的花梗即变成铃柄。棉铃大约经过 50～65 天便可发育成熟，这时棉铃壳裂开，吐出蓬松的籽棉，称为吐絮。从开花到吐絮所需要的时间称为该棉铃的铃期。棉铃的发育过程大致可以划分为三个阶段：

1. 体积增大阶段 开花后 8～10 天以内的棉铃称为幼铃，受精后的幼铃，大约经过 20～30 天的生长，棉铃外形即达到应有大小，这一段时期称为棉铃增大阶段，也叫体积增大期。在这一阶段中，开始 7 天干物质积累比较缓慢，7 天后则直线上升，所以棉铃脱落的高峰期就在开花后的 7 天以内，7 天后棉铃已充满萼片并逐渐长出苞叶，基本上不会脱落。21 天后增长速度减慢。

这阶段铃壁肉质状，表面绿色，分布有褐色油腺。由于这时期整个棉铃幼嫩多汁，水分含量很高，成铃初期可达 80％以上，且含有丰富的蛋白质、果胶、可溶性糖类等营养物质，所以非常容易招致虫害，特别易遭棉铃虫蛀食。

2. 内部充实阶段 棉铃外形生长大小定型后，即转入内部充实阶段，这一阶段也叫内部充实期，时间大约 25～35 天。在这一阶段中，籽棉增长最快，种子和纤维干物质重急剧增加，铃壳中的一部分贮藏物质也开始向种子转移，棉铃含水量逐渐下降，棉铃由嫩软变为硬老，颜色则由灰绿色逐渐变成黄褐色，铃壳逐渐变成皮革状，这一时期的棉铃一般称为老桃。

这阶段棉铃内纤维增加，纤维壁上积累大量的纤维素，而内部仍然有相当多的水分。因此，易招致一些嗜纤维的霉菌繁殖，引发铃病，造成烂桃。一般陆地棉品种正常成熟的棉铃，铃壳的重量约占 22％～25％，棉籽重量约占 45％～50％，纤维重量约占 27％～31％。这个时期棉铃的含水量可达 80％左右。

3. 脱水开裂阶段 棉铃发育经 50～60 天后，已经成熟。铃内已积累相当数量的乙烯（催熟激素），促使棉铃快速脱水，纤维干枯蓬松，铃壳失水收缩，从背缝开裂。

据研究，在棉铃成熟时，其内部会发生并释放大量乙烯。在棉铃充实末期，乙烯释放量开始上升，棉铃线裂时乙烯释放量明显增加，到微裂时其释放量达到高峰，绽裂时开始下降，至现瓤时恢复到裂铃前的水平，完全吐絮后乙烯释放量降到最低点。

从开裂到吐絮，一般约需 5 天左右，高温干燥时吐絮，时间有所缩短。低温阴雨时棉铃脱水减慢，吐絮时间相对延长，且容易发生烂铃。在生产上，为了加速棉花后期棉铃的成熟，常使用乙烯利进行脱叶催熟，在适当的时期喷施乙烯利，可以有效提高棉铃内乙烯的浓度，使棉铃提早成熟，使茎、叶中的养分加速向棉铃转移。

（三）棉铃的增长动态

棉花开花后即进入花铃期。整个花铃期是棉花结铃的高峰期，高产棉花的有效结铃期相对比较长，一般从6月底开始坐桃，霜前花有效坐桃的结束时间可延迟到10月5日前后，在长江中下游棉区正常棉花的有效结铃期可以达到95天以上，高产棉花在有效结铃期内，平均成铃日增长量可达0.5～0.6个/天。

在有效结铃内，通常有2个结铃高峰期，第一个高峰期为7月20日至8月10日，平均成铃日增长量达0.9个/天左右，8月5日至8月10日为最高峰，成铃日增长量达1.2个/天；第二个高峰期为8月25日至9月5日，峰值比第一个高峰期小，平均成铃日增长量达0.6个/天左右，8月25日至8月30日为最高峰，成铃日增长量达0.8个/天。7月15日以前的伏前桃结铃阶段的成铃日增长量比较小，平均只有0.26个/天左右；9月5日以后结铃速度逐渐减慢，至有效结铃期止，这阶段的成铃日增长量大约维持在0.3～0.4个/天左右（图3-4）。

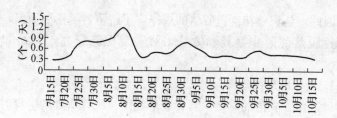

图 3-4　棉花成铃增长动态图

（江西都昌 2006）

长江中下游棉区的高产棉花，平均单株结铃可以达到50个以上，亩成铃总数可超过8万。

（四）棉花的蕾铃脱落

棉花蕾铃脱落是棉株自身的生理现象，也是影响棉花单产提高的一个关键性问题。2001 年以前，长江中下游棉区棉花的正常蕾铃脱落率在 65％左右，个别年份可高达 70％以上。2002 年后，该棉区大力引进推广杂交抗虫棉品种，棉花的蕾铃脱落比例有所下降，2003 年江西都昌县大力倡导棉花超高产栽培，与此同时，江西省经济作物局组织全省棉花技术推广专家进行了棉花超高产栽培研讨，提出了"适度扩行减株、推广配方施肥、优化结铃模式"等技术思路，棉花的个体发育与群体生长之间的矛盾得到了改善，营养生长与生殖生长之间的矛盾得到了协调，棉花的蕾铃脱落明显降低。2006 年都昌县进行了 9 个品种的观察记载，平均蕾铃脱落率为 53.13％（表 3 - 4）。

表 3 - 4　不同品种蕾铃脱落情况表

（江西都昌 2006）

品　种	三杂4 号	农杂70	先杂1 号	湘杂3 号	金农2 号	金棉631	杂1	杂2	杂3	平均
脱落率％	51.6	56.4	53.8	53.0	52.7	48.0	51.7	54.6	56.4	53.13

因此，认识棉花蕾铃脱落的规律，了解蕾铃脱落的原因，掌握蕾铃脱落的防止途径和方法，对实现棉花超高产栽培非常必要。

1. 蕾铃脱落的规律

（1）蕾铃脱落的时期　蕾铃脱落程度与棉花所处的生育时期具有密切关系，一般是蕾期脱落较少，开花后逐渐增多，盛花期后达到高峰，以后又逐渐减少。根据都昌县棉花生产办公室 2006 年对先杂棉 1 号的观察，从现蕾至 7 月 5 日脱落率仅为 3.97％，脱落的绝对数占整株的 0.72％；7 月 6 日至 7 月 15 日期间的脱落率为 33.8％，脱落的绝对数占整株的 3.75％；7 月 16 日至 8 月 15 日期间的脱落率为 70.6％，脱落的绝对数占整株的 20.5％；8 月 16 日至 9 月 15 日期间的脱落率为 79.2％，脱落的绝对数占整株的 18.2％；9 月 16 日至 10 月 5 日期间的脱落率为 56.5％，脱落的绝对数占整株的 10.6％（表 3-5）。

表 3-5 棉花蕾铃脱落情况表

时 期	本期果节发生数	本期脱落数	本期脱落率（％）	总果节数	脱落数占全株总果数节（％）
现蕾至 7 月 5 日	25.2	1	3.97	25.2	0.72
7 月 6 日至 7 月 15 日	15.4	5.2	33.8	40.6	3.75
7 月 16 日至 8 月 15 日	40.2	28.4	70.6	80.8	20.5
8 月 16 日至 9 月 15 日	31.8	25.2	79.2	112.6	18.2
9 月 16 日至 10 月 10 日	26	14.7	56.5	138.6	10.6
合 计	138.6	74.5	53.8		53.8

（2）蕾铃脱落的日龄　落蕾和落铃的日龄是不同的。蕾的脱落日龄幅度比较大，从开始现蕾至开花的 25 天左右的时间内均有落蕾现象，但也有比较集中的时段，通常在现蕾后的 7 天至 17 天之间的 10 天左右的时间落蕾比较集中；而铃的脱落幅度却比较小，脱落相对比较集中，大多在开花后的一周内落铃比较多，开花后的 3～5 天为落铃高峰期，10 天以上的棉铃很少脱落。

（3）蕾铃脱落的比例　在一般情况下，落铃高于落蕾，其比例大致为 6：4。落蕾和落铃的比例，在不同的年份、不同的地区和不同的栽培条件下，会有一定的差异，如果受到病虫危害和天气灾害时，很有可能会出现落蕾多于脱铃现象。

（4）蕾铃脱落的部位　蕾铃在棉株不同部位脱落率的高低，与棉株各部位所处的环境条件及养分供应状况有关。不同部位的果枝，一般是下部果枝脱落相对偏少，中、上部果枝脱落相对偏多；同一果枝上，靠近主茎的果节脱落较少，远离主茎的外围果节脱落相对偏多；棉株不同的圆锥体上，内围圆锥体脱落较少，外围圆锥体脱落相对偏多；在气温适宜时开花的部位脱落较少，高温酷热天气开花的部位脱落较多，长江中下游棉区在 7 月下旬至 8 月上旬通常处高温酷热阶段，这段时期通常也是蕾铃脱落的高峰期。

（5）蕾铃脱落的品种差异　棉花不同品种的生理特性对环境条件的要求会有一定差异，因而不同的品种在相同条件下的蕾铃脱落情况也会存在差别。2006 年都昌县棉花生产办公室在同一块棉田内观察了 9 个杂交抗虫棉品种，平均脱落率为 53.13%，其中：脱落率最高的为 56.4%，脱落率最低的为 48%，相差 8.4%。因此，在生产中选择适合于当地环境条件的品种，可以有效地降低脱落率，是夺取棉花超高产的有效途径之一。

2. 蕾铃脱落的原因

（1）生理脱落　所谓生理脱落，就是指因受环境因素影响，棉株体内生理失调而造成的蕾铃脱落。

影响棉花生理脱落的环境因素通常有以下四个方面：

① 水分：棉株体内所发生的一切生理生化反应，都必须在水的参与下才能完成。土壤水分过多或过少对蕾铃脱落都有很大影响。在水分过多的情况下，会使土壤通气不良，氧气不足，土温降低，影响棉花根系的呼吸作用，降低根系的吸收功能，使新陈代谢不能正常进行，因而引起蕾铃脱落；当遇干旱季节，干旱往往伴随高温，此时正是花铃盛期，棉株体内代谢活动非常旺盛，在土壤水分缺乏的情况下，棉株体内的生理代谢过程即受到抑制，影响肥水的吸收和有机养分的制造。再加上在高温时叶片蒸腾作用比蕾铃强，叶细胞浓度增大，棉叶的吸水压超过了蕾铃的吸水压，影响水分向蕾铃运转，造成营养物质和水分由蕾铃向棉叶倒流。严重缺水时，叶片萎蔫，蒸腾作用反而降低，棉株体内温度升高，呼吸作用加强，养分合成少、消耗多，从而增加蕾铃脱落。

② 肥料：肥料是棉花生长发育的物质基础。棉花一生中需要不断地从土壤中吸收矿质养分和水分，来满足棉株正常生长发育的需要。在矿质元素中，常以氮、磷、钾、硼四种元素对蕾铃

脱落的影响较大。如果肥料供应不足、搭配不当或施用时间不适宜，都会增加蕾铃脱落。棉田肥力不足、土壤瘠薄或施肥量少，则棉株生长瘦弱，根系发育不良，叶面积小，对矿质营养的吸收和有机养料的制造都会减少，蕾铃脱落就会增多；当棉田肥沃、施肥过头时，常引起棉株徒长荫蔽，光照不足，降低光合强度，影响光合产物的积累，在多氮弱光的情况下，光合产物多用于合成蛋白质，供给营养生长，输送到蕾铃的碳水化合物就会减少，因而导致蕾铃脱落；当氮、磷、钾比例不当时，也会增加蕾铃脱落；棉花严重缺硼，会影响花粉粒萌发和花粉管的形成，还会影响营养物质的输送，从而影响正常开花受精，增加棉花蕾铃脱落。

③ 温度：温度是棉花生长发育的重要因素。温度过高或过低，都会引起蕾铃脱落。在适宜的温度范围内（23～29 ℃），棉花的脱落率是随着温度的上升而下降，当日平均气温超出 30 ℃以上时，脱落率有所增加，超出 32 ℃时脱落率明显增加，以后温度越高脱落率就越高。高温引起蕾铃脱落增加的原因主要有以下四个方面：一是阻碍了棉叶光合作用的正常进行，引起棉株体内有机养分亏缺；二是提高了棉株呼吸强度，增加了棉株体内有机养料的消耗，减少了蕾铃所需要的有机养料供应；三是高温增强了叶面的蒸腾强度，使棉株体内的水分供不应求，降低了花粉粒的生活力，使子房不能受孕；四是当气温超出 35 ℃以上时，可以导致棉花的花粉败育而不能正常受精结铃。

④ 光照：光是棉花进行光合作用的必要条件，是棉花生长发育的能源。在棉田荫蔽、光照条件不足的情况下，对棉株碳水化合物的合成会有明显影响，特别是棉株中、下部叶片受光量弱，制造的有机养料少，常引起中、下部大量蕾铃脱落；光照不足不仅降低棉叶的光合生产能力，还会降低养料从叶片输出的速度，以致蕾铃因得不到必要的有机养料而脱落；光照不足也会影响光合产物的运输方向，一些试验证明，在进行叶片遮光处理的情况下，光合产物的运输方向总是明显地运入遮光的叶片而不运

入不遮光的叶片，而在棉田荫蔽的情况下，通常养料会向下部荫蔽部位叶片输送，而使蕾铃得不到足够的有机养料而脱落；光照不足还会影响花粉粒的发育，降低花粉粒的发芽能力，影响授粉受精，从而导致蕾铃脱落。

造成棉花蕾铃脱落的生理原因有以下六个方面：

① 蕾铃柄基部形成离层。离层的形成是一系列复杂生理生化变化的结果，最后使离层带组织内的细胞溶解，而这又和酶的活动有关。在酶的作用下，纤维素和木质素大量地被消化，果胶酶使中胶层的果胶钙的侧链断裂，钙就游离出来，而成为可溶性果胶，使细胞之间失去黏合力，导致组织解体，最终形成蕾铃脱落。

② 有机养料供应不足。棉株进入营养生长和生殖生长并进阶段，地上和地下部分都迅速生长，蕾铃不断形成，对有机养料的需求大增，需要较多的碳水化合物来维持蕾铃生长，棉株在开花时需要消耗的养料更多。棉株在蕾期，处在生殖生长初期，花蕾小而数量少，对有机养料的需求还比较少，而当时棉田的通风透光条件又比较好，碳水化合物的供应也比较充足，所以蕾的生理脱落相对较少。花铃期后，棉株大量开花结铃，需要大量有机养料和能量的补给，特别是在开花受精时子房的呼吸强度比开花前增强二倍以上，所消耗的糖分也随之大增。因而出现有机养料供需的矛盾。如果在这个时期棉株不能供应足量的有机养料，特别是糖分，幼铃就难于正常发育，因"饥饿"而形成脱落。由此可见，尽量维持棉田较大的有效叶面积，努力改善通风透光条件，提高光合生产效率，保证有机养料的充足供应，对减少蕾铃脱落具有重要作用。

③ 有机养料分配不当。叶片同化产物的运输和分配都存在着较大的局限性。主茎叶的横向输送局限性大，主茎叶中的碳水化合物向同一方位的果枝输送较多，向其两侧果枝运送较少，向其相反方向的果枝运送则更少。果枝叶的纵向输送局限性更大，并随着棉株生育进程而更加突出，蕾期果枝叶同化产物有少量运

送到主茎上部，大部分供给本果枝的尖端和蕾、叶；盛花期后果枝叶只供应本果枝蕾、花、铃和幼叶，供应的顺序是，首先第一节的蕾铃，然后依次向果枝外围输送。从整株棉花看，叶片同化产物运向不同发育时期的生殖器官的数量是：大铃＞幼铃＞蕾＞花。另外，徒长棉株和正常棉株体内同化产物的运输和分配有着显著差异。在蕾期，徒长棉株在未出现落蕾之前，有机养料向主茎顶部输送的数量远比正常棉株多，为此而造成徒长棉中、下部蕾铃脱落增多，随着中、下部脱落的增加，减少了中、下部需要养料的器官，更加剧了同化产物向主茎顶部的输送；在盛花期以后，徒长棉株的同化产物大量运向茎顶和果枝尖端幼叶，供给蕾、铃的养料明显少于正常棉株，因此而造成徒长棉株中、下部果枝蕾铃大量脱落，形成"高、大、空"棉株。

④　棉株体内碳、氮比例失调。许多棉花专家的研究证明，棉株体内碳、氮比例的大小，与蕾、铃脱落的关系十分密切。只有在其他养料供应正常的情况下，同时改善糖类的供应，才能有效地减少棉花的蕾铃脱落。从直观上看，棉株体内碳、氮比例，可以用营养生长和生殖生长的长势强弱来判别，一般营养生长旺盛的棉株，其碳、氮比例小，生殖生长旺盛的棉株则碳、氮比例相对偏大。在棉株体内碳、氮含量比较高的情况下，碳、氮比例较大时，营养生长和生殖生长能保持比较正常的平衡关系，棉株生长稳健，蕾铃脱落减少；碳、氮比例较小时，含氮化合物相对增加，易使棉株发生徒长，蕾铃脱落增多。但是在碳、氮含量较低的情况下，碳、氮比例虽大，棉株由于氮素营养缺乏，生长过于衰弱，同化产物比较少，也会加重蕾铃的脱落。由此可见，协调好棉花营养生长和生殖生长的关系，是减少棉花生理脱落的关键环节。

⑤　没有受精或受精不良。没有受精或受精不良的子房不能正常发育成棉铃，一般情况下都会全部脱落。其原因主要与激素和有机养料的供应有关，没有受精的幼铃，由于生长代谢强度

弱，内源生长素少，主动吸收有机养料的能力也比较小，与此同时内部的生长抑制物质增多，在开花后不久即停止生长，因而形成脱落。受精不良的子房没有脱落的，通常形成歪嘴棉铃，棉铃中不孕籽增多，铃重下降，产量和品质都会受到影响。棉花的受精与外界环境条件关系非常密切，降雨会使正在开花的花朵中花粉粒吸水破裂，高温和干旱会使花粉粒失活败育，低温会抑制棉株的代谢作用，高湿不利于花朵授粉，弱光不利于花粉粒的发育成熟，这些都会影响棉花的正常受精，造成幼铃脱落。

⑥ 植株体内激素失调。在营养生长和生殖生长之间，存在着营养物质的竞争，受精作用和植物激素起着调节有机养料的合成、运输和分配的作用。植物激素可以通过调配光合产物的运输和分配或影响能量代谢，抑制高能磷化物的形成来影响棉铃的脱落。在棉花幼铃中同时存在着生长促进物质和生长抑制物质，并随开花的过程和幼铃生长进程而消长，受精幼铃比没有受精的幼铃里含有较多的生长促进物质，而没有受精的幼铃比受精幼铃里含有更多的生长抑制物质。兰州大学在 1978 年作过测定，棉花幼铃里的生长抑制物质的 Rf 值（纸上层析法测定的数值）为 0.6～0.7，它的含量在开花后 7 天达到高峰，落铃也以 5～7 天为多，以后它的含量即下降，而生长促进物质的含量则相应增加，幼铃脱落也随之减少。

由此可见，棉花蕾铃的生理脱落与植物激素有着非常密切的关系。植物激素可能是通过光合产物的运输分配来控制棉铃脱落的，也可能是通过代谢或离层形成中的生理生化反应的途径来直接控制蕾铃脱落。

（2）病虫为害　病虫危害造成棉花蕾铃脱落的原因主要有二个方面，一方面是直接伤害蕾铃，破坏蕾铃的生理机能，引起蕾铃脱落；另一方面是间接危害棉花蕾铃，主要是危害根、茎、叶等营养器官，破坏棉株的正常生理过程，影响棉铃的养分供应而引起蕾铃脱落。

红铃虫、棉铃虫、金刚钻、斜纹夜蛾等钻蛀性害虫，直接蛀食蕾铃，引起蕾铃脱落；棉蚜虫、叶跳虫、棉盲蝽等刺吸式口器害虫危害棉株嫩叶，吸取幼叶中的营养物质，造成棉叶卷缩或残缺不全，棉蚜和棉盲蝽甚至还会直接刺吸幼蕾，使蕾铃营养不足而引起脱落；棉红蜘蛛危害棉株后，叶片发红枯落，棉株无法进行光合作用，使蕾铃因得不到营养而脱落。

角斑病等病害侵害棉叶、茎秆、花蕾及棉铃，影响光合作用的正常进行，阻碍营养物质的正常运输而引起蕾铃脱落；枯、黄萎病侵害棉株维管束系统，破坏导管的正常输导作用，影响棉株的肥水吸收，引起蕾铃大量脱落，严重时会使整株棉花枯死。

（3）机械损伤 机械损伤所造成的蕾铃脱落的比例通常比较小，主要是在进行棉花田间管理时不小心碰落蕾铃、碰断果枝或碰断棉株所造成。但是在遇到特殊年份的大风、暴雨、冰雹等灾害性天气时，局部地区和时段的机械损伤而引起的蕾铃脱落是相当严重的。狂风暴雨会使棉株倒伏，加重蕾铃脱落；冰雹会直接打掉枝叶和蕾铃，严重时会使棉花遭受毁灭性损失。

3. 蕾铃脱落的防止途径 棉花蕾铃脱落受多因素影响而形成，在生产上应针对性采取一系列综合技术措施进行防止。

（1）选用脱落率低、结铃性强的丰产品种 充分发挥品种的增产优势。

（2）加强肥、水科学管理 大力推广配方施肥技术和丰产灌溉技术，协调植株体内营养，调节好棉株体内碳、氮比例，平衡营养生长和生殖生长的关系，优化结铃模式。

（3）搞好合理密植 改善棉田通风透光条件，协调个体发育与群体生长的关系。

（4）尽量避免上午喷药、喷肥 创造良好的开花受精条件。

（5）加强病虫害综合防治 减少因病虫危害而造成的蕾铃脱落。

（6）抓好清沟培土 防止棉花倒伏，尽量减轻灾害性天气所造成的蕾铃脱落。

（7）科学地使用植物生长调节剂　协调植株体内的激素平衡，例如在花铃盛期采取九二〇喷花，对减少棉花蕾铃脱落具有良好作用。

四、种子发育

（一）种子的形态及结构

棉花种子的形状多为圆锥形、卵圆形或不规则梨形。顶端（株孔一端）较尖，基部（合点一端）较钝。成熟的种子去掉短绒后，种皮为棕黑色，表面有脉纹。种子的一面有一道细缝，称种脊。尖的一端有一个棘突起为种子柄，是珠柄的残留，旁边有一个小孔，称萌发孔或珠孔遗迹。珠孔处栅栏层细胞未完全闭合。钝的一端有一个合点，合点处的内种皮仅有内色素层，无栅栏层。合点（主要）及珠孔（次要）是种子萌发时吸水和气体交换的主要通道。棉花成熟的种子是无胚乳种子，在种子发育的前中期有充实的胚乳，在胚发育成熟的过程中胚乳被胚吸收利用，只留下一残余层。

一般陆地棉品种的种子长 8～12 毫米，宽 5～7 毫米。以成熟的百粒种子重量（克）表示种子的大小，称为子指。陆地棉品种的子指一般在 9～12 克之间，每 1 000 克种子大约有 8 000～11 000 粒。种子的大小和成熟度与棉铃着生的位置有密切关系，棉株中、下部果枝及内围果节所着生的棉铃，种子成熟度高，大而饱满；上部果枝和外围果节着生的棉铃，种子往往成熟度比较差，不饱满。未成熟的种子和子指过小的种子，出苗力弱，而成熟饱满或子指较大的种子，出苗力强，而且幼苗生长苗壮。

棉花种子的结构可分为种皮（包括外种皮和内种皮）、胚乳残余层（胚乳遗迹）、胚三个部分。

种子的主要部分是种胚。棉花成熟种子胚的结构又分为子叶、胚芽、胚轴、胚根四个部分。

棉花种子的子叶为二片，在种皮内呈 S 形折叠的乳白色薄片，其体积占据胚的绝大部分，是种子贮藏营养物质的主要器官，二片子叶一片稍大，一片略小，展平后呈肾形或半圆形。

胚芽位于二片子叶着生处的中央，将来发育成主茎及茎端生长点。

胚轴位于胚芽和胚根之间轴段，胚轴又分为上胚轴和下胚轴，上胚轴将来发育成子叶与真叶间的一段主茎，下胚轴将来发育成子叶节以下的一段主茎。

胚根位于胚轴的下端，将来发育成为主根。

（二）种子的发育过程

棉花子房中的胚珠受精后发育成棉籽，一粒成熟的棉籽即是一粒完整的种子。在发育过程中，胚株的内、外珠被变成了棉籽壳部分，胚囊内的受精卵则发育成具有折叠子叶的胚，两个极核受精后发育成胚乳（以后被胚吸收），这就是通常所说的棉仁部分。

受精卵一般到第二天进行第一次细胞分裂，形成两个大小不等的细胞，以后再经过几次分裂达球形期，到受精后 6～9 天胚变成心脏形。心脏形胚的二叉后来变成子叶，二叉中间出现一团丘状的小突起，即是胚芽。再后胚轴伸长，20 天左右进入鱼雷期，胚的各部分已基本分化形成，上为胚芽，中间是胚轴，下端为胚根，此时的胚开始具有发芽能力。

胚乳核在受精后最初发育很快，开始以游离的方式进行分裂，经过多次分裂，约在受精后 8～9 天胚乳中游离核间产生细胞壁，二周后产生胚乳细胞，18 天后胚乳完全细胞化并充满整个胚囊，20 天后开始被迅速发育的胚所吸收利用，到种子成熟时，胚乳细胞中的碳水化合物和蛋白质完全被种胚所吸收，只留下一层很薄的膜状胚乳遗迹包于胚外。

棉铃的每一室有9～11粒胚珠，环境条件良好均可以发育形成种子，但通常每室只发育7～9粒种子，常有2～3粒瘪籽（也称不孕籽），瘪籽体型小，有硬壳无棉仁，外壳上附有短绒，在加工中通过皮棉清理机清除后，集中用清弹机把短绒弹下来，弹下来的短绒通常称"开花棉"，不能混入皮棉中销售。瘪籽形成的主要原因就是受精不良或环境条件不适宜而造成。

种皮的生长和棉铃的生长大致相对应。种皮的形成比种胚的形成速度要快、时间早，大约在开花后的20天，种子粒径与长度先后达到应有大小。

受精后，外珠被的外表皮逐渐长大，一部分突起伸长形成纤维。以后细胞壁逐渐增厚，到成熟时细胞壁变为黄色。外胚珠的多层薄壁细胞因内部养分为纤维所吸收，又受内、外挤压而逐渐紧缩，到种子成熟时已形成干缩状的外色素层，细胞内含褐色素。内表皮层则发育成无色细胞层，该层细胞的胞壁厚而木质化，内含草酸钙结晶。

内珠被的外表皮在开花10多天后才开始伸长，直到开花后的30天长足，形成一层紧密的栅状细胞层。其后，约占细胞长度2/3的内段胞壁先行增厚，接着外段约1/3的胞壁也逐渐增厚，同时种皮变硬。种子成熟时，该层细胞壁高度木质化，并含大量纤维素，其厚度可占整个种皮厚度的一半。其内为薄壁细胞层，在棉籽体积增大期，细胞数量和体积都增加得很快，以后因所含养分被吸收，加上细胞被挤，最后紧缩成胞壁木质化的内色素层。在合点端和子柄端，此层细胞未受挤压，故仍保持较松散的海绵状。内表皮细胞先略有伸长，最后成为一层膜状木质化细胞。

棉花种子的生活力，在干燥的自然状态下贮放一般可保持3～4年，但在生产上当作种子使用时只限1～2年，其后因发芽率降低不宜作种用。影响种子生活力的因素主要是种子含水量和贮藏温度，D. M. Simpson等进行的棉籽长期贮存试验结果充分证明了这一点（表3-6）。

表 3-6 棉籽含水率及贮藏温度对种子生活力的影响

贮藏温度(℃)	种子含水率(%)	种子贮藏年数										
		1	2	3	5.5	7	13.5	15	19	25	31	37
		种子发芽率(%)										
0	7	87	87	87	90	94	90	91	92	91	86	68
	9	92	87	93	89	92	93	91	92	82	73	63
	11	89	88	91	79	89	88	93	89	86	63	57
	13	90	87	86	87	92	91	72	51	16	0	—
	14	88	90	85	61	34	10	0				
21	7	93	91	90	84	89	85	73	51	0	—	
	9	87	91	82	81	59	0					
	11	86	89	68	1	0	—					
	13	72	23	3	0							
	14	17	0	—								
自然状态	7	87	90	83	—	88		0				
	9	91	88	84				0				
	11	85	69	18	0							
	13	49	0									
	14	0										
32	7	86	86	59	0							
	9	50	33	0								
	11	21	0	—								
	13	0										
	14	0										

从表 3-6 可以看出，在同一温度条件下，棉籽含水率越低，其寿命越长；棉籽含水率相同时，贮藏温度低的比温度高的寿命长。棉籽含水率虽较低，而贮藏期间温度过高，或贮藏温度虽低，而棉籽含水率过高，都会导致棉籽过早地失去生活力。如棉

籽含水率保持 7%～9%，而贮藏温度高到 32 ℃左右，棉籽贮藏 3～5.5 年便失去生活力；如温度控制在 0 ℃左右时，而棉籽含水率达到 14%，其生活力最多也只能保持 15 年。只要贮藏温度保持在 0 ℃左右，棉籽含水率不超过 11%，则贮藏 37 年后，其发芽率仍可保持 57%～68%。相反，若棉籽含水率高达 14%，贮藏温度高到 32 ℃左右，则只要 4 个月就失去生活力。在实际生产中，棉花种子放在冷库贮存时，除了种子本身要充分晒干外，还应进行防潮。实验证明，棉花脱绒包衣种子冷贮时，进行了防潮小包装的发芽率比普通大包装的要高。这主要是普通大包装的种子在冷贮时，因没有防潮包装而吸收空气中的水分后使发芽率降低的缘故。同时，要求留种棉籽必须晒干后贮藏，一般要求含水量不超过 12%。

五、纤维发育

棉花纤维是由受精胚珠的表皮细胞经伸长、加厚而成的种子纤维，不同于一般纤维作物的韧皮纤维。棉纤维的经济性状优良，是纺织工业的主要原料。深入了解它的形态结构、形成过程、理化性能及各项经济性状十分必要。

（一）棉花纤维的形态结构

成熟棉纤维呈管状，大致可分为尖头、中部和基部三部分。前端为尖头，无中腔、无捻曲；中部是纤维的主体部分，直径较宽，细胞壁也较厚，内有中腔，外观有捻曲；基部有中腔，细胞壁较薄，由于受周围莲座细胞的挤压，往往稍向内凹，轧花时易从该处拉断。在各天然纤维中，纤维捻曲是棉花纤维所特有的性状。

棉花纤维的长度，依种和品种不同而有很大的差异。目前国内主要棉区生产的陆地棉品种的纤维长度多在 25～31 毫米之间，海岛棉品种的纤维长度多在 33～39 毫米之间。长江中下游棉区目前所生产的棉花纤维长度一般都在 27～31 毫米。在同一棉株上，一般下部铃的纤维较短，中部铃的纤维较长，上部铃的纤维介于二者之间；同一棉铃内，以每瓣籽棉的中部棉籽上着生的纤维较长；在同一棉籽上，合点端的纤维常较长，珠孔端的纤维较短。

我国栽培的陆地棉纤维宽度多为 18～20 微米，海岛棉约为15 微米左右。一般短绒品种的纤维较粗硬而富于弹性，其细胞壁较厚；而长绒品种纤维较细软。

成熟棉纤维的横断面大多呈椭圆形，而未成熟的则呈 U 形。成熟棉纤维的横断面，一般可分为初生壁、次生壁、中腔三个部分。

1. 初生壁　即纤维细胞的原始胞壁，又称纤维外层。大部分由果胶构成，只有少量的纤维素。初生壁外被有一层很薄的角质层，由蜡质、脂肪、树脂和果胶质组成，能保护纤维不受潮和不易被氧化。

2. 次生壁　几乎全由纤维素构成，其横断面可以看到许多轮纹状层次，层次数目与生长日数相同，也称纤维日轮，一般为20～30 层。纵剖面有许多小纤维，每层约有 100 根左右，小纤维沿纤维长轴呈螺旋形排列。

3. 中腔　位于次生壁最内层为中腔壁，其组织较其他胞壁部分紧密。中腔壁内为中腔，即是纤维最内部的空隙处，是细胞壁停止增厚时留下的腔室及其残留物。当残留物中含有较多色素时，即成为有色纤维。纤维愈成熟，则中腔愈窄小。

（二）棉花纤维的发育过程

棉花纤维的发育进程与棉铃相应，在前期和中期生长的棉铃，纤维发育大约需要 50 天左右，后期生长的棉铃，纤维发育约需 60 天以上。棉花纤维的发育进程大致可分为三个时期：

1. 伸长期　纤维伸长期与棉铃的体积增大期基本相应，从开花后第二天起开始伸长，至开花后 30 天，纤维已长到最大长度。棉纤维的初生细胞伸长很快，开花的当天向外隆起，第二天管状伸出,第三天先端变尖。一般在开花后三天内形成的纤维细胞可发育成长纤维,4～10天之间形成的纤维细胞,中途停止生长,成为短纤维。纤维的伸长一开始长度增加很快,开花后5～10天伸长最快,以后伸长逐渐减慢。

这一时期的环境条件,对纤维伸长影响较大,其中影响最大的是水分,当天气干旱、土壤含水量不足(低于田间最大持水量的55%)时,则纤维伸长会受到明显影响,纤维长度将会减短,未受精或受精不良,也会影响纤维伸长发育,不孕籽上着生的纤维都是短纤维。

2. 加厚期 在初生纤维细胞伸长的同时,其内侧逐渐积累纤维素,形成次生细胞壁。开始时间一般与开花同时或稍后5～10天,约经40多天完成。从纤维伸长基本结束直到裂铃前,这段时间纤维加厚最快,历时约25～35天,大致与棉铃内部充实期相对应。纤维素的积累是以结晶态每天向心沉积一层,层次分明,形成日轮。纤维的强度随着胞壁的增厚而加大。纤维素的沉积需要较高的温度,在20～30℃范围内,温度越高,加厚越快。在加厚期,除必需的营养和水分外,气温是制约加厚的主要环境因素,低于15℃,棉纤维的伸长和次生壁的加厚都不能进行。一般后期棉铃纤维的衣指和强度较低,就是由于气温低的缘故。

3. 扭曲期 此期大致相当于从裂铃到充分吐絮,一般历时5天左右。成熟的棉纤维在裂铃前呈圆筒形,含水较多。裂铃后,纤维迅速失水,细胞死亡,中腔内残留物质因失水而干涸,使纤维细胞壁缩成扁管状。与此同时,由于小纤维束呈螺旋状排列的缘故,在纤维变干时产生内应力,使纤维形成扭曲。每根纤维扭曲的多少,与螺旋角的大小和次生壁的厚薄有关。一般角度小、次生壁厚的扭曲就多,反之则少。成熟好的纤维,其细胞壁厚,扭曲就多;成熟差的纤维,细胞壁薄,中腔大,扭曲少;未成熟的纤维,细胞壁很薄,几乎无扭曲;过于成熟的纤维,由于中腔过小,扭曲亦少。

影响纤维扭曲的环境因素，主要是日照和湿度。这一时期，充足的日照和较低的湿度，有利于棉铃开裂吐絮和纤维脱水扭曲。如遇阴雨天气，则不利于棉纤维的扭曲，甚至造成僵瓣，使纤维霉烂变质。

（三）棉花纤维的经济性状

纤维的经济性状是评定棉花品质优劣的指标，它的优劣直接影响纱线、布匹的质量及经济价值。目前，我国主要有两种方法进行测试。

一种是长期使用的国际测试方法。现多为纤维检测部门、供销系统和纺织厂使用。其指标有：主体长度（又称众数长度，相当于考种使用的手扯分梳法长度）、细度（以单位重量纤维的长度表示，单位为米/克，又称公制支数）、单纤维强力（指拉断一根纤维所承受的断裂负荷，以克表示），一般陆地棉单纤维强力为 $3.5\sim4.5$ 克、断裂长度（单纤维强力×细度×0.001，以千米表示）、成熟度等 15 项指标。

另一种是采用美国标准（ASTM D4605-86）的 HVI900 系统，可测定纤维跨距长度、长度整齐度、断裂比强度、断裂伸长率、马克隆值、色泽、杂质等 10 项指标，国家纤维检测部门现在多采用此法。

（1）2.5%跨距长度（SL_2）　是利用光电装置对棉纤维须丛扫描得到的纤维长度指标，单位为毫米，它相当于常规方法测定的主体长度。

（2）长度整齐度（Ur）　是 50%跨距长度（SL_1）与 2.5%跨距长度（SL_2）的百分比值，即 $SL_1/SL_2\times100\%$，数值大则整齐度好，一般在 45%以上。

（3）马克隆值（Mic）　是 1 英寸纤维的微克数，其测定方法通常采用气流仪进行测定，测定时，先在一试样筒中均匀放置一定重量的纤维，再将纤维压缩至固定体积，通入气流可直接读数。其原理是利用气流通过棉样的阻力大小，以间接推测纤维的细度。马克隆值是表示棉纤维细度和成熟度的综合性指标，数值愈大纤维愈粗，成熟度愈好；数值愈小纤维愈细，成熟度也较差。数值范围一般在 2.0～7.0 之间，3.5～4.9 的棉花较易纺用，最佳值为 3.7～4.2。

考虑到目前应用上的习惯，表 3-7 列出了一系列马克隆值与常规公制支数经验换算值，供参考。

表 3-7 马克隆值与分制支数对照表

马克隆值	公制支数	马克隆值	公制支数	马克隆值	公制支数	马克隆值	公制支数
—	—	3.1	7 010	4.1	5 840	5.1	5 140
—	—	3.2	6 860	4.2	5 750	5.2	5 080
2.3	8 930	3.3	6 710	4.3	5 670	5.3	5 030
2.4	8 590	3.4	6 580	4.4	5 600	5.4	4 970
2.5	8 280	3.5	6 450	4.5	5 520	5.5	4 920
2.6	8 010	3.6	6 340	4.6	5 450	5.6	4 870
2.7	7 770	3.7	6 230	4.7	5 380	5.7	4 830
2.8	7 560	3.8	6 120	4.8	5 320	5.8	4 780
2.9	7 360	3.9	6 020	4.9	5 250	5.9	4 740
3.0	7 180	4.0	5 930	5.0	5 190	6.0	4 690

（4）断裂比强度（Str） 是棉纤维断裂时每单位线密度所承受的负荷，单位为 cN/tex（厘牛/特克斯），[1 N/tex（牛顿/特克斯）＝100 cN/tex，1 cN/tex＝1.02 gs/tex（克力/特克斯）]，断裂比强度与断裂长度的关系是，断裂长度＝1.19×断裂比强度。测试断裂比强度的仪器通常有卜氏仪、斯特洛仪及 HVI900 系统的 910。由于三者测试原理不同，特别是 HVI900，校准棉样不同，其结果有较大差异。为便于区别，下面给出三者测试结果的大致换算关系：

卜氏仪比强度（ICC 校准）

＝1.26×斯特洛 0.025 4 m 隔距比强度（ICC 校准）；

HVI 比强度（ICC 校准）

　　＝斯特洛 0.025 4 m 隔距比强度（ICC 校准）；

HVI 比强度（HVICC 校准）

　　＝1.29×HVI 比强度（ICC 校准）。

这里应指出的是，美国通常采用 HVICC 校准仪器。因此，报刊发布的比强度数值通常是 HVICC 校准水平值，与我国采用的 ICC（即国际校准棉样）校准水平值存在数值上的差别，但测试仪器和原理完全相同。据我国 1986—1992 年陆地棉比强度测试统计分析资料，比强度在 19.65～21.83 cN/tex，平均值为 20.51 cN/tex（ICC 校准）。

（5）纤维伸长率（EL）　为纤维拉伸至断裂的伸长率，以断裂伸长值与未拉伸前长度之比的百分数表示。一般棉纤维不超过 10%。

六、吐　絮

棉铃经 50 天左右的发育，种子和纤维基本发育成熟。此时，棉铃内已积累相当数量的乙烯，促使棉铃大量失水，铃壳收缩，从背缝开裂，吐出纤维。这个过程就称为吐絮。

棉铃的吐絮其实就是一个脱水开裂过程，一般从开裂到完全吐絮大约需要 5～7 天。棉铃开始裂缝，纤维则因快速失水而干枯蓬松，棉纤维开始扭曲，此时也就是棉纤维的扭曲期。

棉铃正常吐絮，必须具备二个基本条件，一是棉铃必须发育成熟，铃期必须在 45 天以上，并能积累一定数量的乙烯，促使棉铃脱水开裂；二是要有较好的天气才能正常吐絮，如遇长期阴雨，棉铃脱水受到影响，虽然棉铃可以开裂，但无法正常吐絮，有时甚至造成烂铃，在棉田比较荫蔽的情况下，下部棉铃得不到阳光，往往因湿度过大而感染铃病，造成烂铃，无法正常吐絮而形成僵瓣。

在生产上，为了防止吐絮期棉花烂桃，通常采取以下四条措施：一是清沟排渍，降低棉田湿度；二是及时剪空枝、打老叶、摘边心，减轻田间荫蔽，改善通风透光条件；三是适时喷洒防病农药，防止棉花铃病的发生；四是及时采摘烂铃，一方面可以减少烂桃损失，做到烂桃不烂花，同时还可以有效减轻铃病的相互感染。

第三节 棉花营养生长与生殖
生长的协调发展

营养生长与生殖生长是棉花生长发育的两个基本过程。在生理上，两者之间相互依赖、相互制约。一方面营养生长是生殖生长的基础，但营养生长过旺也会影响生殖生长的正常进行；另一方面生殖生长能协调棉株的营养代谢，调节营养生长长势，但生殖生长过头又会影响营养生长的正常进行，导致棉株早衰。棉花营养生长与生殖生长要协调发展，必须有合理的生育进程，才能充分利用当地的富照高能季节，提高群体光能利用率，并促进有机养料的合理分配。这对实现棉花超高产栽培具有重大意义。

一、超高产棉花要合理调节生育进程

（一）超高产棉花的合理生育进程

营养生长与生殖生长之间的矛盾几乎始终贯穿于棉花一生。由于棉花的营养生长和生殖生长重叠时间长，无形中构成了棉花生长发育的复杂性，其中营养生长与生殖生长之间的关系是棉花一生中自身存在的最基本的一对矛盾。但是，棉花根、茎、叶等营养器官的相继形成，以及生殖器官的分化、发育、成熟，都是有规律的，各器官之间，在结构和功能上，既有明显差异，也有密切联系和相互影响，其生长发育彼此促进又相互制约，从而形成一个有机整体。现就超高产棉花的合理生育进程作一说明，以了解它们之间的协调发展（表3-8）。

表3-8　超高产棉花的合理生育进程

月份	3	4			5			6			7			8			9			10			11		
旬	下	上	中	下	上	中	下	上	中	下	上	中	下	上	中	下	上	中	下	上	中	下	上	中	下
季节	春分	清明	谷雨	立夏		小满	芒种		夏至		小暑	大暑		立秋	处暑		白露	秋分		寒露	霜降		立冬		小雪
生育时期	播种出苗期 8~15天		苗期 45天左右					蕾期 25~30天			花铃期 50天左右						吐絮期 75~90天								
根系	主根始长		侧根始长		根系建成期						生长和吸收高峰期						活动机能衰退期								
叶　子叶	展平		停长			脱落																			
叶　叶原基	2片		4片		10片			分化高峰																	
叶　主茎叶		3叶展平			7~8叶展平						叶面积增长高峰														
叶　果枝叶											叶面积增长高峰														
茎枝　下胚轴	始长																								
茎枝　主茎			始长			生长加快					增长高峰														
茎枝　叶枝					开始形成																				
茎枝　果枝						开始形成					增长高峰														
生殖生长　花器官　花原基		开始分化			分化高峰																				
生殖生长　蕾					开始现蕾			现蕾高峰						有效蕾终止											
生殖生长　花											开始开花			开花高峰			有效花终止期								
棉铃					小暑现蕾						八桃入伏			五十桃满腰			七十桃盖顶								
生育特点	纯营养生长				营养生长趋势			生殖生长趋势						以生殖生长为主，营养生长逐渐停止											

从表 3-8 可知，棉花的一生，按其器官的形成次序和生育进程，一般可分为：播种出苗期、苗期、蕾期、花铃期和吐絮期五个时期。棉花各生育时期所需要的天数长短不一，随着品种特性、环境条件及栽培方法的不同而有所不同（表 3-8 中数据为平均生育天数），每个生育阶段都有各自的生育特点。

棉花播种出苗期和幼苗期（出苗至 2~3 叶片平展止），其生育特点是棉花根、茎、叶的纯营养生长。从苗期的孕蕾期到现蕾、开花，生育特点是营养生长与生殖生长并进，以营养生长为主；棉花初花期进入营养生长与生殖生长两旺阶段；棉花盛花期后，由营养生长与生殖生长两旺阶段逐渐转入到以生殖生长为主。棉花吐絮后，营养生长逐渐停止，以生殖生长为主。按照这一合理生育进程发展，棉花就可以实现超高产。

（二）超高产棉花合理生育进程的衡量指标

1. "四桃"比例　为了衡量棉株生育是否与当地气候条件相适应，可用伏前桃、伏桃、早秋桃、晚秋桃"四桃"比例作为衡量指标，"四桃"的划分时间为：7 月 15 日以前结的铃为伏前桃，7 月 15 日~8 月 15 日期间结的铃为伏桃，8 月 15 日~9 月 15 日期间结的铃为早秋桃，9 月 15 日以后结的铃为晚秋桃。在每亩密度为 1 500 株左右的条件下，单株成铃 70 个，四桃比例平均达到 1∶4∶3.5∶1.5 较为合适。

2. 棉花生育时期的叶面积与空间分布　棉花合理的群体结构是通过控制个体生长发育来实现的，因此要求棉株个体要和群体相适应，其合理的指标有两条：

（1）叶面积的合理动态变化　亩产皮棉 150 千克以上的棉花各生育时期的最佳叶面积系数为：苗期 0.05~0.1，现蕾时 0.2，盛蕾期 1.0，初花期 1.5，花铃盛期保持 3.5~4 之间，吐絮期应逐渐回落到 3 以下、维持在 2.5 左右，并尽可能较长时期保持在这个水平上更为有利高产。

（2）叶面积在空间的合理分布　除叶面积系数外，还要使棉株长到适宜的高度，各层叶面积达到适宜的密度，以便使各层棉叶都能得到一定的光照。叶面积在空间分布的合理与否，通常以叶层密度来表示，叶层密度即是群体内每单位空间的叶面积，通常用叶面积系数与棉株高度的比值表示。

3. 果（铃）/节比　在目前的生产水平下，棉花成铃率为35％～40％左右，即亩果节数约相当于亩成铃数的 2.5～3 倍。棉花在超高产栽培条件下，单株成铃要有所提高，达到 40％～50％，即每亩果节数相当于成铃数的 2～2.5 倍，果（铃）/节比为 1：2～2.5。例如：超高产棉花亩总成铃数为 10 万个，按 2.25 倍计算，亩总果节数应达到 22.5 万个，在 1 500 株/亩左右的密度情况下，单株平均果节数应有 150 个才有可能成铃 70 个。

二、超高产棉花要充分利用当地富照高能季节

（一）长江中下游棉区的富照高能季节

江西省经济作物产量气象预报协作组的研究资料表明：适宜棉花开花结铃的日照条件是此期间旬日照≥70 小时。江西省棉区 7 月中旬至 8 月中旬大部分地区能达到这一标准，8 月中旬以后，部分地区可以达到这一标准，9 月中旬后各地旬日照≥70 小时的频率小于 50％。因此，江西大部分棉区适于开花结铃和棉铃增重的时期为 7 月中旬至 9 月上中旬的 60～70 天内，这段时间为江西棉区的富照高能季节。

（二）杂交棉品种（组合）的总铃数的形成规律

要想取得棉花超高产目的，就必须了解和掌握杂交棉品种（组合）产量因素中总铃数的形成规律，从而就可在生产过程中想办法满足棉花对环境条件的要求。

杂交棉在稀植大棵、采取大宽行垄作方式、实行早播早发的条件下，要求单株总果节数达到 150 个以上，总成铃数达到 70 个，其中：伏前桃 7 个、伏桃 28 个、早秋桃 25 个、晚秋桃 10 个，在棉花的四桃中，伏桃和早秋桃占 75％以上，成为棉花的主体桃。

形成伏桃和早秋桃的蕾均由两部分蕾组成：一是梅蕾伏桃和伏蕾早秋桃，约占主体桃（伏桃和早秋桃）总数的 65％左右；二是伏蕾伏桃和早秋蕾早秋桃，约占主体桃总数的 35％。由此说明，梅天早现蕾和梅伏多现蕾是棉花超高产的关键，也就是说，要求超高产棉花在 8 月底单株平均成铃数达到 50 个（包括伏前桃）。因此，要求棉花集中成铃期（指伏桃），必须与常年的富照高能季节完全相遇。越是同步期早、同步期长的产量就越高。

三、超高产棉花要提高群体光能利用率

只有提高棉花的群体光能利用率，才有可能实现棉花的超高产。如何才能提高群体的光能利用率？在实际生产中，当棉花的种植密度确定之后，关键是要建立合理的群体结构和实现稳健的长势长相。

（一）建立合理的群体结构

棉花群体结构的大小，是"两长"矛盾对立与统一的重要因素。叶片是进行光合作用的主要器官，叶片的大小、数量以及空间分布，对光合生产能力具有重大影响，一般用叶面积动态表示群体动态，在实际生产中通常以叶面积系数来衡量棉株群体的大小。所谓叶面积系数，就是指单位土地面积上作物有效叶面积总和与单位土地面积的比值。

当群体结构发展过大时，棉田荫蔽现象严重，个体发育环境

会受到较大的制约，通风条件和光照条件相对变差，个体与群体之间的矛盾突出。从生理角度上看，同化作用相对变弱，光合生产能力相对下降，而异化作用则相对增强，呼吸消耗则相对增加，从而使光合积累相对减少。因此，供给生殖生长的碳水化合物就会减少，蕾铃脱落增加，营养生长和生殖生长之间的矛盾加剧。

当群体结构发展不足时，虽然通风透光条件好，个体与群体之间的矛盾不突出，但由于叶面积系数小致使光合面积减少，光合生产力降低，光合产物总量随之下降。在这种情况下，虽然从单株角度看营养生长与生殖生长之间似乎比较协调，但从群体角度看，生殖生长总量不足，现蕾、开花、结铃均不能达到高产要求。

只有当群体结构合理时，才能真正实现营养生长和生殖生长的协调发展。在生产中，合理进行株行距配置，采取适宜的种植密度，科学地运筹肥水，在不同的生育时期，调节不同的叶面积系数，使叶面积动态始终处于合理状态。

通过10多年的田间观察记载，我们总结出了稳长丰产型棉花叶面积动态：以现蕾时叶面积系数0.2，盛蕾期叶面积系数1.0，初花期叶面积系数1.5，花铃盛期叶面积系数保持3.5～4之间，吐絮期叶面积系数应逐渐回落到3以下，维持在2.5左右为宜。在这种叶面积动态条件下，棉花的营养生长和生殖生长基本能保持一个比较好的协调关系。

（二）实现稳健的长势长相

棉花营养生长与生殖生长协调与否，完全能通过长势长相来表现。通常判别长势长相因素有主茎增长速度、叶位、倒四叶宽、叶色、红茎比例以及花位等。

主茎增长速度是棉花长势的一个非常重要的表现因素。棉花主茎的增长动态必须维持在一个合理水平，才能算得上稳健的长势长相，通过苗情资料分析和实际生产调研，主茎的日增长量在苗期以平均 1～1.5 厘米、现蕾时以 1.5～2 厘米、盛蕾期以 2～2.5 厘米、初花期以 2.5～3 厘米、花铃盛期以 1.5 厘米左右为宜。低于这个数值范围表示营养生长偏弱，高出这个范围则表示生殖生长偏弱，保持在这个数值范围之内则表示两者关系协调。

叶位是反映棉花长势的一个重要因素之一。所谓的叶位，就是棉株顶部四片叶高低顺序，它所表现的征状有"凸顶"、"平顶"、"凹顶"三种。"凸顶"表示营养生长偏弱，"平顶"表示营养生长适中，"凹顶"表示营养生长旺盛。一般苗期至现蕾初期，长势宜略偏旺，可以稍现"凹顶"，顶部四片叶的位置自上而下依 4321 的次序排列，至现蕾期为（43）21，初花至花铃盛期叶位为（321）4、（32）14，如出现 2134、2（31）4 或 1234，则为凸顶，说明因脱肥少水而导致早衰，表现营养生长偏弱。

叶色也是反映棉株不同生育时期长势长相的一个重要指标，其实叶色的变化是棉株碳、氮营养状况在外部形态上的反映。一般稳长棉株的叶色油绿发亮，徒长棉株的叶色黄绿发嫩，早衰棉株的叶色青灰发老。根据叶色的变化动态，前人已总结出棉花叶色"三黑三黄"的变化规律，用水稻比色卡观察倒五叶颜色，3真叶期叶色 2～2.5 级，到现蕾前达到 3～3.5 级（第一黑）；现蕾后叶色开始下降至 3 级（第一黄）；至盛蕾期叶色达 3.5～4 级（第二黑）；开花结铃后叶色又逐渐下降至 3 级，盛花期下降至 2.5～3 级（第二黄）；花铃盛期叶色又开始转深到 3.5～4 级（第三黑）；吐絮期后，主茎叶片开始衰老，叶色又下降为 3 级（第三黄）。在各个不同的生育时期叶色低于或高于当时的指标，都说明营养生长和生殖长之间不协调。

花位也是反映棉株长势长相的一个重要指标，所谓花位是指正在开花的最高一层果枝自上而下所处的果枝塔数。一般稳长的棉株花位动态为：初花期正常花位为 9 塔，花铃盛期为 8～9 塔，打顶前为 8 塔。如果超出这个指标，说明营养生长势旺，如果低于这个指标，则说明营养生长势弱。

四、超高产棉花要科学分配有机养料

棉花在生育过程中，其内部物质的代谢活动，包括碳、氮代谢和体内养分分配。棉花内部生理状况的变化，主要体现在营养生长与生殖生长的动态变化和两者的消长关系的发展上。

（一）碳、氮代谢要平衡协调

棉株体内碳代谢和氮代谢的强弱，直接影响营养生长和生殖生长的平衡发展。一般情况下，当棉株体内碳代谢旺盛时，通常生殖生长比较旺盛，而营养生长则比较衰弱；当氮代谢旺盛时，通常表现营养生长比较旺盛，而生殖生长则比较衰弱。因为碳代谢旺盛时，光合产物多数是以碳水化合物的形式优先供应蕾铃等生殖器官的生长；而当氮代谢旺盛时，则有相当多的光合产物用于合成蛋白质供营养器官生长。由此可见，只有棉株体内碳、氮代谢平衡协调，棉花的营养生长和生殖生长才能实现平衡协调地发展。在生产上可以通过肥水调节、化学调控等措施来协调棉株体内的碳、氮代谢，使棉株体内的碳、氮比例趋于合理平衡。

（二）营养分配要科学合理

不同长势的棉花，其干物质的积累和分配都是不同的。棉株在不同的生育时期，干物质的积累和分配也是不同的。四川省农业厅棉花试验站曾经作过研究，生长正常的棉株，初花期蕾铃干重占地上部分干重的 10％左右，从现蕾到初花所积累的干物质只有 5％～6％分配给蕾铃。到结铃盛期，蕾铃干重占地上部分干重的 40％～50％，从初花到结铃盛期所积累的干物质有 60％～80％要分配给蕾铃。吐絮期蕾铃干重占地上部分干重的 60％以上，这时积累的干物质有 90％以上分配给蕾铃。不同的肥水条件可以显著改变营养器官与生殖器官之间干物质重量的比例关系和营养分配比例。在肥水不足的条件下，营养生长差，则蕾铃干重所占的比率增长快，前期分配给蕾铃等生殖器官营养的比率也随之增高，其结果则往往造成棉株早衰或搭不起丰产架；在肥水过足的条件下，通常表现营养生长过旺，则蕾铃等生殖器官干物质重量所占的比率增长慢，前期分配给蕾铃等生殖器官营养的比率则随之降低，往往造成棉株的徒长，引发大量的蕾铃脱落。通常在生产上采用肥水调节和化学调控来实现棉株营养的科学分配。

第四章 棉花超高产栽培的生态环境

第一节 超高产棉花对温度的要求

温度是影响棉花生长发育进程的一个重要因素，也是棉花进行生理代谢的能量基础。棉花对温度的反应非常敏感，在各个不同的生育时期所要求的适宜温度是不同的，并且都有明显的上、下限要求，通常把它称为临界值。在实际生产中，如果温度超出了临界值，棉花生长发育就会受到影响。棉花各种器官的建成，都需要一定的有效积温。

一、不同生育时期的温度要求

（一）发芽出苗对温度的要求

棉花种子萌发时，各种贮藏物质在酶的作用下，转化成能供给种胚生长的物质，这是一个新的物质和能量的转化过程，需要在一定的热量条件下才能进行。正常情况下，棉籽发芽的温度范围为 12～40 ℃，最适温度范围为 20～30 ℃。

在棉籽的发芽温度范围内，随着温度的升高而发芽速度加快。一般经脱绒包衣的陆地棉种子发芽，在 12 ℃时需 10 天左右，13 ℃时需要一周左右，16 ℃时需要 5 天，20～30 ℃时只需 2 天，35～40 ℃时 8 小时就开始萌发，但这样的幼芽已经受到了伤害。

棉花出苗对温度的要求比发芽高，一般需要 16 ℃以上才能正常出苗。因为棉籽下胚轴伸长并形成导管需要在 16 ℃以上才能进行。出苗的速度随着温度的升高而加快，当气温达 30 ℃以上时，苗床膜内温度可达 40 ℃以上，易发生烧芽、烧苗现象。

棉花种子发芽后，如果温度下降到 10 ℃以下，就会发生低温冷害，初生的幼根会发生碳水化合物和氨基酸外渗，导致皮层崩溃而根尖死亡，即使随后温度回升，也只能在下胚轴基部生出次生根。

因此，掌握好棉花发芽出苗的温度要求，对科学确定播种期非常关键。长江中下游棉区 3 月中下旬至 4 月上旬的地膜增温效应（5 厘米地温）为 5.3 ℃，其中晴天为 8.5 ℃，阴天为 4.5 ℃，雨天为 3 ℃。采用营养钵地膜覆盖育苗时，根据地膜的增温效应，一般在气温稳定通过 12 ℃时即可进行播种育苗。通常时间在 4 月 1～10 日，以"清明"（4 月 5 日）前后抢晴播种比较适宜。

（二）幼苗生长对温度的要求

棉花幼苗生长的最低温度为 16 ℃，高于 33 ℃生长就会受到抑制，在 16～30 ℃的范围内，棉苗的生长速度随着温度的升高而加快。

棉花从出苗到现真叶的时间长短，与温度的高低呈负相关，14 ℃时需 20 多天才能现真叶，17 ℃时 10～12 天可现真叶，20 ℃时 8～9 天即可现真叶，25 ℃时只需要 5～7 天就能现真叶。

棉苗根系的生长与温度的关系也十分密切。幼苗时期，根际地温如降到 14.5 ℃时，根系就会停止生长，17 ℃时根系生长缓慢，20 ℃时根系生长加快，24 ℃以上根系生长迅速，25 ℃左右根重最大，27 ℃时根系生长最快，33 ℃以上根系生长受到抑制。

（三）现蕾对温度的要求

棉花开始现蕾的最低温度要求达到 19～20 ℃，随着温度的升高现蕾速度加快。现蕾适宜的温度为 25～30 ℃。

当温度适宜时，枝叶生长快，现蕾也快。据上海市农业科学院观察，棉株在 5 月下旬至 7 月中旬，主茎叶的出叶天数与平均气温呈负相关，相关系数 r＝－0.842 6。气温在 20 ℃左右时，7 天出一片主茎叶；20～22 ℃时，4～5 天出一片主茎叶；23～25 ℃时，3～4 天出一片主茎叶；26～29 ℃时 2～3 天出一片主茎叶；30 ℃以上时，1.5～2 天能出一片主茎叶。据西北农学院（1979 年）报道，棉花主茎生长速度也受环境温度的影响，现蕾至初花期，气温在 15 ℃以下时，主茎日增长量为 0.5 厘米/天，15～20 ℃时为 0.5～2 厘米/天，20～28 ℃时为 1～3.5 厘米/天。

从江西省都昌县棉花生产办公室多年来的苗情观察资料发现：

① 适时早播可以使棉花提早现蕾，但现蕾提早的天数与播种提早的天数不相等。

② 早播的棉花苗期相对延长，迟播的棉花苗期时间相对缩短。

③ 在同一年份，棉花现蕾时期相差不大（表 4-1、表 4-2）。

表 4-1　不同年份不同播期现蕾情况表

（江西都昌 2001）

年　份	平均播种日期	平均现蕾日期	现蕾时苗龄
2000	4 月 15 日	6 月 7 日	52 天
2001	4 月 25 日	6 月 13 日	49 天
2002	5 月 7 日	6 月 14 日	38 天
2003	4 月 21 日	6 月 9 日	49 天
2004	4 月 4 日	6 月 6 日	63 天
平　均	4 月 20 日	6 月 10 日	50 天

表4-2　同一年份不同播期现蕾情况表

(江西都昌)

播种日期	现蕾日期	现蕾时苗龄
4月17日	6月13日	56
4月26日	6月15日	50
5月4日	6月12日	39

当温度超过30℃时，顶芽生长过快，由于顶端优势强，侧芽生长往往受到抑制，现蕾速度反而减慢。

在日平均温度相同的情况下，昼夜温差大更有利于棉花的花芽分化和现蕾。

(四) 开花受精对温度的要求

棉花开花受精最适宜的温度为25～30℃，温度过高或过低，都不利于开花受精，甚至会造成花粉败育。

温度过高会影响雄蕊的正常发育，当平均最高气温高于28.5℃时，不孕子明显增加；36.5℃以上时，花粉发育受阻，花药畸形，不能形成正常花粉粒，严重影响受精，成铃率显著下降。

温度过低则会影响雌蕊的正常发育，当昼温22℃、夜温16℃以下时，花粉虽然发育正常，但雌蕊却发育异常，造成不能正常受精结铃。

(五) 棉铃发育对温度的要求

温度对铃重的增长具有较大影响。在肥水充足的情况下，影响铃重增减的主要因素是热量。据江苏气象台(1977)试验结果，当≥10℃的有效积温由850℃降到650℃时，铃重便由5克降到3.5克，在这个积温段内，积温每减少一成，铃重则相应减轻约一成；有效积温由650℃降至350℃时，铃重开始陡降，在这个积温段内，积温每减少一成，铃重则相应下降近二成。

温度对棉铃的发育速度也有较大影响。棉铃的体积增长主要在铃期的前14天，增长的速度与前14天内的日平均温度关系十分密切。中国农业科学院棉花研究所曾观察到，当日平均温度在25℃以上时，棉铃的增长速度无明显差异；低于21℃时，增长速度明显减慢。每铃籽棉重和棉铃籽棉率，均随铃期内积温降低而减少，而铃壳则呈加厚趋势。当≥15℃活动积温在1 300～1 500℃时，棉铃可以正常吐絮，低于1 000℃时部分棉铃不能正常吐絮。

（六）纤维成熟对温度的要求

纤维素的沉积需要较高的温度。在20～30℃的范围内，温度越高，纤维的胞壁加厚越快。当夜温低于21℃时，则还原糖只能积累而不能转化，纤维素的沉积就会受到影响。15℃以下纤维素的沉积就会停止。后期棉铃的纤维成熟度低、强度差的主要原因，就是由于低温影响纤维素的沉积，次生胞壁较薄的缘故。由于温度对纤维素沉积的影响，所以昼夜温差会影响到纤维的日轮结构。

温度对纤维的伸长也有一定的作用。夜温则是影响纤维伸长的主要因素。当夜温低于20℃时，会使纤维短1～3毫米；夜温还会使纤维伸长开始期推迟，伸长速度降低，伸长期延长。

二、不同器官建成的积温要求

（一）各生育时期所需积温

棉花一生需要一定的积温才能完成它的生育周期。各个不同的生育时期的器官建成，同样也需要一定的积温。一般温度越高，积温越快，棉花的生育期就会相应缩短，各生育时期的器官建成速度相应加快。

积温通常有两种表示形式：一种是有效积温，其计算方法是，将棉花各生育时期所要求的最低临界温度作为积温起算的下限，把超过这一下限的温度差值逐日累积，其总和就是有效积温。另一种是活动积温，它的计算方法是，把达到棉花各生育时期最低临界温度的日平均温度逐日累积，其总和就是活动积温。

棉花全生育期和各生育时期所需积温，是一个相当重要的指标，由于目前对棉花各个生育时期的最低临界温度尚缺乏系统研究，还没有一个统一的起算标准，因而不同的研究者总结出的积温值往往不大一致，特别是有效积温值的出入更大。

据中国农业科学院棉花研究所观察，热量单位（以≥12 ℃有效积温表示）是表征棉花发育速率较好的指标。华中农学院黄岗分院（1973 年）研究结果表示：早熟陆地棉品种全生育期（平均 121.4 天）需要≥12 ℃的有效积温 1 454.3 ℃，其中播种至出苗为 57.8 ℃，出苗至现蕾 420.4 ℃，现蕾至开花 346 ℃，开花至吐絮 630.1 ℃；中迟熟陆地棉品种全生育期（平均 143 天）需要≥12 ℃的有效积温 1 843.9 ℃，其中播种至出苗为 71.4 ℃，出苗至现蕾 521.1 ℃，现蕾至开花 473.9 ℃，开花至吐絮 777.6 ℃。

（二）各生育时期长短与温度的关系

1. 播种至出苗　气温 14～17 ℃时，需 12～21 天，当气温超过 18～20 ℃时，温度的影响显著缩小。低温对出苗的影响比较明显，温度每降低 1 ℃，出苗日数将会延长 3～5 天。

2. 出苗至现蕾　气温在 20～23 ℃时，需 28～38 天。在上述温度下，气温每下降 1 ℃，现蕾所需日数则延长 5～10 天，温度越高，影响越小。

3. 现蕾至开花　温度的影响已不及前两个时期显著。在温度升降范围较小时，对通过这一时期所需日数变幅影响不大。

4. 开花至吐絮　温度在 25 ℃时，一般需要 50～58 天，降至 20 ℃时却增至 65～75 天以上。这一时期长短与温度的高低关系比较密切。

第二节　超高产棉花对光照的要求

一、光照长度的要求

棉花属短日照作物，棉花进行花芽分化，一般需要 9～12 小时的日照，也就是需要 12 小时以上的黑暗周期。通过长时期的引种和人工栽培驯化，已逐渐转化成中间型日照作物，对光照长度的适应性较强，一般陆地棉品种对光照反应不敏感，在温带夏季可以正常现蕾、开花，在区域分布上有了更加广泛的适应性。

在短日照情况下，棉花能提早现蕾，并能显著缩短棉花的生育期。同时在棉株形态上也会发生相应改变，通常第一果节着生节位也会明显降低，株型会明显矮化紧凑。但单株产量和纤维品质却有明显的下降趋势。

二、光照强度的要求

由于棉花适应了充足的光照环境，所以棉花的光补偿点和光饱和点都比较高，特别是光饱和点，是一般作物的二倍以上，光能利用率比较高。

作物进行光合作用时，所能利用的最低光照强度的临界值称作光补偿点。棉花的光补偿点一般在 1 000～2 000 勒克斯之间，相当于自然光照的 5％～10％。低于 1 000～2 000 勒克斯的光照，棉花不能利用。也就是说在光补偿点以下，棉花基本不能进行光合作用，即使进行微弱的光合作用，其光合产物也只能弥补当时的呼吸消耗。在光补偿点以上，随着光照强度的增加，光合强度随之增加。

作物进行光合作用时，所能利用最大光照强度的临界值称作光饱和点。棉花的光饱和点在 70 000～80 000 勒克斯，比一般作物要高出一倍以上，对光能的利用率比较高。一般情况下，超出光饱和点的光照棉花也不能利用，光合强度反而下降。

由于棉花喜欢比较强的光照，在较强的光照条件下，棉花的光合作用旺盛，光合生产能力强，光合产物数量多，碳代谢占优势，现蕾、开花、结铃等生殖生长旺盛，棉株生长稳健，株型紧凑。阴雨、多雾等弱光照天气，不仅光合作用减弱、光合产物减少，而且弱光还会改变光合产物的类型，氮代谢占优势，蛋白质多于糖类，蕾铃得不到足够的碳水化合物供应，而枝叶生长所需的蛋白质增多。所以弱光照会促进棉株营养生长而削弱生殖生长，导致徒长，减少现蕾，增加脱落。

三、光能的群体利用

棉花的群体光照状况和叶面积有密切关系。当夏秋晴天光照强度为 80 000 勒克斯，叶面积系数为 4 时，棉株基部绝对光照强度为 1 000～1 400 勒克斯，已达到棉花的光补偿点，说明棉花最适宜的叶面积系数应小于 4。一般高产棉田最适宜的叶面积系数为 3.5～4。

当叶面积系数小于 3.5 时，叶面积不足，影响群体光合生产能力；当叶面积系数大于 4 时，田间荫蔽现象严重，棉株基部光照弱，不仅呼吸消耗增多，而且碳、氮代谢也会失衡，极易导致徒长，增加脱落。

第三节 超高产棉花对水分的要求

一、水分对生长发育的基本作用

水分是棉株营养体的重要组成部分，一般棉株体内含水量达到 70％～80％。棉花各个器官都有相当比例的水分，通常代谢旺盛的组织含水分较多，功能叶的含水率可达 90％～95％，生长点分生组织可达 95％以上，而木质部的含水率一般只有 50％～60％。

水在棉花生长发育过程中主要有以下四大基本作用：

1. 水是光合作用的基本原料 植物进行光合作用的实质是将太阳能转化成生物能，其转换形式，就是叶绿体通过吸收太阳光，把水和二氧化碳合成碳水化合物（葡萄糖）。在这个过程中水是最重要的原料之一，如果没有水，光合作用将不能进行。棉株体内许多合成、转化、分解过程一般都离不开水的参与。

2. 水是矿质元素的重要溶剂 棉株根系所吸收的矿质元素，都必须是水溶液状态的，固体状态的元素植物根系是难于吸收的；矿质元素和代谢产物在棉株体内的输送也必须在水溶液状态下才能进行。由此可见，在干旱缺水的环境下，既影响根系对肥料的吸收，也会影响植株体内营养物质的输送分配。

3. 水是维持细胞形态的重要物质 植物活体细胞中，水占据着较大的空间，水可以维持细胞的紧张度，从而保持植株的固定形态。如果细胞缺水，植株将会萎蔫，长时期严重缺水时，则会导致植株死亡。

4. 水是调节植株体温的良好材料 水的比热和汽化热都比较大，对植株体内的保温和散热起到了重要作用。在气温较低的时候，由于水的比热大，水在棉株体内发挥保温作用；在高温季节时，由于水的汽化热较大，棉株的根系不断吸收大量水分，而叶片又快速蒸腾，向大气散失大量水分，水分每天在植株体内不断流转，可以有效地降低棉株体温，防止高温伤害，维持正常生理代谢。

二、水分对器官建成的影响

（一）对根系建成的影响

棉花根系的生长和分布，与土壤水分状况密切相关。当土壤水分适宜时，根系分布宽广而均匀；当土壤水分缺少时，主根向下深扎，根层分布较深；当土壤水分严重缺乏时，则会影响根系的正常构建；当土壤水分过多时，根系不发达，生长不旺盛，根层分布浅；当地下水位过高时，主根的入土深度会受到明显影响。据中国农业科学院棉花研究所观察，长期受旱的棉株，在结铃后期，主根入土深度和侧根分布宽度，均只有多次灌溉棉株的2/3，而其活动根分布则较深。

（二）对茎枝生长的影响

棉花茎、枝的生长也和水分状况密切相关。干旱环境中，棉株的茎、枝生长都会受到抑制，主茎的日增长量不足0.5厘米，甚至停止生长，而分枝发生形成和伸长速度也会明显减慢，棉株变得矮小紧凑；当水分过多时，棉株的茎、枝生长旺盛，肥、水碰头时，棉花的主茎日增长量可以超过3厘米以上，通常易形成高大松散株型。

（三）对叶片活动的影响

水与叶面积增长和叶片的蒸腾作用之间都有密切关系。当水肥充足时，叶面积增长很快，叶面蒸腾量也随之增大；当水肥不足时，叶面积增长相应减慢，蒸腾作用也会减弱，严重缺水时，会使气孔部分或完全关闭，蒸腾作用停止。

水与光合作用关系十分密切，充足的水分可保证光合作用正常进行。但水缺乏时，对光合作用则产生双重影响：一是水分严重不足时，叶片原生质和叶绿体的状态会发生变化，叶绿体的希尔反应活力下降；二是气孔因失水而关闭，限制了二氧化碳的交换。

当叶片含水量低时，由于气孔关闭，增加了二氧化碳自叶片气孔以外向气孔以内扩散的阻力，使叶片内细胞空隙中二氧化碳的浓度大为降低，导致叶片光合强度相应降低；当叶片含水量增加时，二氧化碳浓度增高，光合强度随之增加，光合产物也随之增多。

(四) 对蕾铃发育的影响

水分状况严重影响到蕾铃发育。受旱的棉株矮小，果枝和果节数都少，仅在靠近主茎的果节和中下部果枝上着生少量蕾铃，外围果节及上部果枝的蕾铃大量脱落，单株结铃少而小；水肥过多时，由于棉株营养生长过快，植株高大，虽然果节多，但中、下部靠近主茎的蕾和幼铃大量脱落，只是在中、上部或外围果节上能坐住少量棉铃。

(五) 对纤维成熟的影响

水分对棉花纤维的成熟也有一定影响。在纤维伸长期，如果出现干旱，会使纤维伸长不足，严重影响纤维长度；在纤维胞壁加厚期，如遇干旱，光合产物的积累减少，纤维素的合成会受到相应影响；在纤维脱水扭曲期，如遇连续阴雨，则不利于纤维形成扭曲，甚至造成僵瓣，使纤维霉烂变质。

三、棉花的需水特性

棉花是需水较多的作物，每生产 1 千克干物质需要消耗

800~1 200 千克水，在较干旱的地区需水达 1 782 千克。

棉花的需水量并不是固定不变的，随着品种、密度、群体大小以及生态条件的不同而有差异。通常情况下，长江流域棉区每亩棉田的总需水量在 400~500 米³ 左右，相当于 600~750 毫米的自然降雨量。

棉花的各个生育时期的需水量也是不同的。

1. 播种至出苗阶段　首先是棉籽必须吸足本身重量 60%~80% 的水分后才能在一定的温度条件下萌发，同时在出苗过程中还需要继续吸收必要的水分。此时期 0~20 厘米土层的土壤含水量占田间最大持水量的 70%~80% 为宜。低于 70% 种子吸水困难，发芽缓慢；高于 85% 则因氧气不足影响出苗速度，甚至会造成烂种死苗现象。

2. 出苗至现蕾阶段　此期的田间耗水强度为 0.5~1.5 米³/亩·日，耗水量占全生育期总耗水量的 15% 以下。这个时期由于叶面积系数较小，加上气温不高，叶面蒸腾不强，耗水的主要途径是土面蒸发。据测定，土面蒸发量是叶面蒸腾量的 5 倍。此时期 0~40 厘米土层的土壤含水量占田间最大持水量的 55%~70% 为宜。过多或过少，都会直接影响根系的生长，从而影响棉苗的壮弱和现蕾的早晚。

3. 现蕾至开花阶段　此期的田间耗水强度为 1.5~2.0 米³/亩·日，耗水量占全生育期总耗水量的 12%~20%。这个时期由于叶面积系数逐渐增大，气温不断升高，叶面蒸腾逐渐加强，但土面蒸发量仍然比叶面蒸腾量要大一倍。此时期 0~60 厘米土层的土壤含水量占田间最大持水量的 60%~70% 为宜。这个时期如受旱，影响棉花丰产架的构建，对产量影响很大；水分过多，营养生长过快，生殖生长相对受到抑制，易造成徒长荫蔽，引起花蕾大量脱落。

4. 开花至吐絮阶段　此期的田间耗水强度为 2.5~3.0 米³/亩·日，耗水量占全生育期总耗水量的 45%~65%。这个时期是棉花营养生长和生殖生长的两旺时期，根深叶茂，叶面积系数逐渐达到最大值，气温高，时间长，叶面蒸腾强。据测定，此期的叶面蒸腾量是土面蒸发量的三倍以上。此时期 0～80 厘米土层的土壤含水量占田间最大持水量的 70%～80% 为宜。初花期不宜低于 60%、盛花期不应低于 70%，但也不宜超过 85%，否则对棉花增产都不利。

5. 吐絮以后阶段　棉花吐絮后，由于气温逐渐降低，叶面蒸腾强度逐渐减弱，棉花对水分的需求也逐渐减少，此期的田间耗水强度在 2.0 米³/亩·日以下，其中叶面蒸腾约占 2/3，阶段耗水量占全生育期总耗水量的 10%～20%。此时期土壤水分保持田间最大持水量的 55%～70% 为宜。水分过少易造成干旱早衰；水分过多易造成荫蔽烂桃，长期渍害会抑制根系吸收，也会造成棉株生长过早衰退，甚至诱发黄叶枯死病，影响棉花产量。

第四节　超高产棉花对空气的要求

棉花生长发育与空气具有十分密切的关系。棉株地上部分生长，需要吸收比较多的二氧化碳气体进行光合作用合成碳水化合物，作为器官建成的养料供给；棉株的呼吸作用需要充足的氧气，植物体内的一切物质代谢过程，都需要能量供应，而能量则是由呼吸作用所产生。棉株根系的生长发育，离不开氧气；同时根系所吸收的矿质元素形态多为氧化态，有机质的分解、土壤微生物的活动等，都与氧气有着十分密切的关系。

一、光合作用对二氧化碳的需要

棉花叶片光合作用所能利用到的二氧化碳浓度在 0.01%～

0.3％之间，二氧化碳浓度的补偿点为 0.01％，饱和点为 0.3％。一般空气中二氧化碳的浓度在 0.03％左右，很少变动。可见，提高空气中二氧化碳浓度，可以增加光合作用强度，促进棉花的生长发育。

在棉花群体光合作用中，叶绿体的二氧化碳供应情况，既受空气中二氧化碳浓度的影响，又受二氧化碳从大气向叶绿体输送途径一系列阻力的影响。当棉株缺水时，叶片气孔收缩，气孔阻力增加，输送二氧化碳的阻力相对增加。可见在干旱情况下，会影响叶绿体的二氧化碳供应，从而降低光合作用强度。

在生产中增施有机肥，可以有效增强"土壤呼吸"，提高土壤对二氧化碳的释放量，从而有效提高棉田二氧化碳浓度。同时，对棉田进行科学灌溉，保证合理的水肥供应，可以促进叶绿体的二氧化碳供应，有效提高光合作用对二氧化碳的利用率。

二、呼吸作用对氧气的需要

氧气不仅是呼吸作用的原料，而且是组成棉株的蛋白质、脂肪、糖类及其他有机化合物的基本成分。氧原子重量在棉株干重中约占 42％。空气中氧气的常态含量为 21％。

棉花的种子萌发需要充足的氧气。有了氧气，才能把已吸涨的种子细胞内储存的物质逐步转化，供给生长。如果氧气供给不足，酶的活性降低，子叶中的养料分解缓慢，呼吸作用产生的能量少，种子发芽缓慢。当氧气严重不足时，已吸涨的种子则进行无氧呼吸，产生酒精等有害物质，抑制种子萌发，甚至会造成烂种。

棉花的根系生长需要一定浓度的氧气环境。土壤耕层中氧气的含量，通常比空气中氧气的含量要低，一般土壤中氧气的正常含量为 7.5％～21％。当根系进行旺盛的生长时，需要充足的氧气供应，并不断排除土壤中过多的二氧化碳、硫化氢以及沼气等有害气体。

影响土壤氧气含量的第一个因素是土壤本身的疏松程度。当棉田土壤板结时，棉花根际土壤中氧气缺乏，根系的正常有氧呼吸受阻，对根系生长发育不利。严重板结时，根系将进行无氧呼吸，结果在根中积累大量的酒精、乳酸和其他有害代谢物质，致使根的功能减退或丧失；疏松的棉田土壤，能使棉花根际氧气得到不断的补充，并能把呼吸产生的二氧化碳及时向大气中释放，使土壤的呼吸作用增强，既有利于根系生长发育，又能补充棉田的二氧化碳浓度，对促进棉花光合作用十分有利。因此，在生产中要求对棉田及时进行中耕松土。

影响土壤氧气含量的第二个因素是土壤的含水量。当土壤排水良好，地下水位低，通常土壤氧气含量较高；相反，有明显暗渍、地下水位高的土壤氧气含量通常比较低。一般情况下，土壤中氧气的含量与土壤含水量成反比，也就是说干燥疏松的土壤氧气含量较高。因此，在棉花生长期间，特别是前期雨水多的季节，要求及时清沟排渍。

第五节　超高产棉花对矿质养分的要求

棉花对矿质营养元素的需要属于全营养类型，棉花生长发育需要 16 种矿质元素，其中：碳、氢、氧、氮、磷、钾等大量元素有 6 种，钙、镁、硫等中量元素 3 种，氯、铁、硼、锌、锰、铜、钼等微量元素 7 种。在大量元素中，棉株体内碳、氢、氧约占 95%，钾占 1.5%、氮占 1.4%、磷占 0.3%；在中量元素中，钙占 1%、镁占 0.3%、硫占 0.2%；在微量元素中，氯占 0.05%、铁占 0.03%、锰占 0.005%、硼和锌各占 0.003%、铜占 0.001%、钼占 0.000 3%。

一、矿质元素的基本作用

（一）大量元素的基本作用

在大量元素中，碳、氢、氧是棉株的主要组成部分，一般它来自于空气和水，在生产上通常不进行人工施用，在此不作介绍。

1. 氮（N） 氮素是棉花生长发育的基本物质，棉株每个组成部分的器官建成，都必须要有氮素的参与。其主要生理功能有以下四个方面。

① 是蛋白质和许多酶的主要成分：蛋白质是由氨基酸组成，在蛋白质中，氮的含量占 16％～18％。蛋白质是细胞原生质的重要组成部分，也是植株营养体生长发育的原生动力，植物细胞的分裂和伸长，都必须要有蛋白质参与；酶本身就是一种蛋白质，它的主要作用是参与植株体内的生理生化反应，在这些生理生化过程中起到催化促进作用。

② 是核酸的主要成分：核酸可分为核糖核酸（RNA）和脱氧核糖核酸（DNA）两类，核酸参与细胞分裂和植物分生组织发育等基本过程，是合成蛋白质和储藏、复制、传递遗传信息的主要物质基础。

③ 是叶绿素的重要组成成分：叶绿体是植物进行光合作用的场所，叶绿素含量的多少，直接影响光合作用的强弱。当氮素供应充足平衡时，叶绿素的合成加强，棉花叶片鲜绿发亮，光合作用和其他生理代谢增强，棉花各个器官平衡生长。

④ 是维生素的组成成分：维生素是植物生长和代谢必需的有机化合物，广泛存在于棉株的各个器官中，除少数维生素不含氮素外（如维生素 C），大部分都含有氮素。已知的种类有 20 多种，它们大多是某些辅酶的组成部分。

氮素对棉花生长发育的最直观效果有三点：一是能促进叶面积的增长，提高叶面积系数，使棉花的光合面积增大，从而增加光合产物的积累；二是能促进主茎和分枝的生长，使棉花早搭丰产架；三是能有效地延长棉花的有效结铃期，增加结铃数，提高单铃重。

2. 磷（P）　磷素是棉花重要的营养元素，它对棉花的主要生理作用有以下几个方面。

① 是核酸的重要组成部分。

② 是磷脂的重要组成部分：磷脂是一类带有磷酸根的脂类化合物，是细胞膜的基本构成部分，植株的组织和细胞内都含有大量的磷脂，它参与各种脂蛋白的合成，与细胞的抗性、免疫、激素传导、物质转化都有直接关系。

③ 是三磷酸腺甙的重要组成部分：三磷酸腺甙是能量贮存者和携带者，它是一种高能磷酸化合物，只有它的不断合成、转化和利用，才能使棉株体内的各种代谢过程正常进行。

④ 许多酶和维生素组成中都有磷的存在。

⑤ 磷对棉株体内碳水化合的分解、合成和运输都有很大的促进作用，与氮素代谢也有着密切关系。

磷素对棉花生长发育有四个方面的重要作用：一是能有效地促进前期根系发育、幼苗生长；二是能有效地促进棉花由营养生长向生殖生长的转变，使棉花提早现蕾和开花；三是能有效地促进棉籽成熟，提高棉籽的含油量，增加铃重，提早吐絮；四是能有效地增强棉株的抗旱性和抗寒性。

3. 钾（K）　钾素是棉花生长发育重要的营养元素，在棉株各个器官中都是以简单的钾盐形式广泛存在，几乎全部处于离子状态。在棉花的各个器官中，以铃壳的含钾量最高，一般可达3.5%以上；其次为叶柄，含钾量可达2.5%以上；再次为蕾、花及幼铃，一般含钾量也可达到2%左右。棉株含钾最少的器官为纤维，一般不足0.5%。钾对棉花的主要生理作用有以下四个方面。

①钾参与光合作用中碳水化合物移动的生理过程。

②钾是碳水化合物和蛋白质代谢过程中几种酶的活化剂。

③钾能通过变更二氧化碳向叶绿体扩散的比率控制着棉花的光合率。

④钾是维持调节细胞渗透压的重要无机成分，在植物水分利用上起着决定作用。

钾素对棉花生长发育有两个方面的重要作用：一是能有效地促进输导组织和机械组织的正常发育，使茎秆粗壮坚韧；二是能有效地提高棉花的抗逆性，钾肥充足的棉花，其抗旱性、抗寒性、抗高温性、抗倒伏性、抗病性等都有明显的增强。

（二）中量元素的基本作用

钙、镁、硫三个中量元素对棉花生长发育具有非常重要的作用。

1. 钙（Ca）　在细胞中一般以离子状态存在，但也呈草酸钙沉淀；在细胞壁中常以果胶酸结合形成难溶性的果胶钙盐，是细胞壁中胶层的组成部分；在细胞膜中常以磷酸化合物的钙盐的形式存在。钙能促进棉株根系发育，加强对氮、磷的吸收。

2. 硫（S）　硫存在于蛋白质中，是半胱氨酸、胱氨酸、蛋氨酸等氨基酸的组成成分，是蛋白质中联结肽链的硫桥（—S—S—）。硫还是硫胺素、乙酰基辅酶A、谷胱甘肽等生活物质的组成成分。硫对棉株体内氧化还原过程起着重要作用。

3. 镁（Mg）　镁是叶绿素分子的成分，与光合作用的关系十分密切，缺镁将影响叶绿素的合成，叶肉组织将明显出现失绿现象；镁也是许多酶的活化剂，与碳水化合物的代谢、磷酸转化以及脱羧作用的关系密切，与一些有机酸的合成有关，还参与氮的代谢过程，对幼苗组织的发育和种子成熟都有影响；镁还是染色体的组成部分，在遗传信息传递上起着重要作用。

钙、镁、硫等中量元素在土壤中一般都不缺乏。江西省都昌县土壤肥料工作站 2006 年利用"ASI"检测方法，检测了 400 个土样的中量元素，Ca 的平均含量为 764.8 毫克/升，Mg 的平均含量为 138.6 毫克/升，属极丰富级水平，一般都不需要进行施用中量元素肥料。

（三）微量元素的基本作用

1. 铁（Fe） 铁在叶绿体蛋白质合成过程中具有重要作用，能促进细胞内叶绿素的形成，并参与氧化还原过程。铁还是作用体内多种氧化酶、铁氧还蛋白和固氮酶的组成成分。铁对棉株的光合作用、呼吸作用和硝酸还原都有较大影响。长江流域棉区铁的平均含量达 40 毫克/升左右，属极丰富水平，一般不需施用。

2. 锰（Mn） 锰是碳水化合物和蛋白质代谢过程中酶类的组成成分，并参与硝酸还原过程，促进蛋白质的形成，对植株体内氧化还原过程起着重要作用。锰能加速植物的生育进程，促进叶绿素的形成，参与光合作用的放氧过程。锰还能促进维生素 C 的合成和加强茎的机械组织。

3. 硼（B） 硼是双子叶植物必需的微量元素，硼对棉株的生长发育有很多方面重要作用。一是可以促进棉株体内糖的运转，硼与糖结合为易通过生物膜的复杂物质，或成为膜的一个成分与糖暂时结合；二是对分生组织中生长素的合成起着重要作用，硼能控制棉株体内吲哚乙酸（生长素）的水平，保持其促进生长的生理浓度；三是对细胞的分裂和伸长都有一定影响，这主要是与硼影响核酸含量和果胶含量有关；四是能促进棉花生殖器官的正常发育，能有效地刺激萌发花粉对氧和糖的吸收，有利于花粉管的生长，可使花粉管迅速进入子房，促进受精和种子形成。

4. 锌（Zn） 锌是几种酶的组成成分，能促进吲哚乙酸的合成。锌和温度的相互作用，控制着开花结铃。在夜间低温

（15 ℃）下，适量的锌（25 毫克/千克）比低量的锌（1 毫克/千克）能促使更高程度的有限结铃模式出现，高量的锌（125 毫克/千克）则推迟开花；在高温（23 ℃）下，低量锌能使棉花结铃更多，而高量的锌也不至于产生太大的不利影响。

5. 铜（Cu） 铜是碳水化合物代谢中一些酶的组成要素，与棉株体内的氧化还原反应和呼吸作用有关；铜能促进叶绿素的形成，提高叶绿素的稳定性，防止叶绿素的过早破坏，对光合作用具有较大影响；铜还有利于花粉发芽和花粉管的伸长。

6. 钼（Mo） 钼的生理功能主要表现在氮素代谢方面。钼是固氮酶的组成成分，必须有钼参与，固氮酶才有固氮活性。钼还是硝酸还原酶的成分，缺钼会使硝态氮在棉株体内的还原受阻，使硝态氮在体内积累，而减少蛋白质的合成。

二、棉花对矿质元素的需求规律

（一）棉花对氮、磷、钾的需求规律

棉花对氮、磷、钾的需求量和比例，随着棉区自然条件、地力水平、施肥量和品种的不同而存在一定差异，获得同样多的皮棉产量所需的氮、磷、钾数量变幅也比较大，但大致趋势基本一致：一是随着棉花产量的提高，棉株对氮、磷、钾的需求随之增加，但高产棉比低产棉每生产 100 千克皮棉所消耗的氮、磷、钾数量却有递减趋势；二是获得同样多的棉花产量，南方棉区比北方棉区氮素消耗量有增多的趋势，磷、钾的需求量互有上下。

1. 棉花对氮、磷、钾的需求比例 国内外许多科研院校及棉花科技研究部门对棉花的需肥规律作了大量研究，其中：浙江农业大学（1979）研究结果比较切合长江中下游棉区棉花生产实际。一般情况下，生产 100 千克皮棉需从土壤中吸收氮素(N)14千克左右、磷素（P_2O_5） 5.5 千克左右、钾素（K_2O） 13.5 千

克左右，N∶P∶K＝1∶0.4∶0.96，在不同产量水平下棉花对氮、磷、钾的吸收也存在一定差异（表4-3）。

表4-3 不同产量水平下棉花对氮、磷、钾的吸收情况表

处理	皮棉产量（千克/亩）	每生产100千克棉吸收量（千克）			N∶P_2O_5∶K_2O
		N	P_2O_5	K_2O	
低N	78	12.42	5.84	12.21	1∶0.47∶0.98
中N	85	14.26	5.65	13.69	1∶0.40∶0.96
高N	93	18.68	5.74	15.28	1∶0.31∶0.82
平均	85.3	15.12	5.74	13.73	1∶0.38∶0.91

2. 各生育阶段对氮、磷、钾的需求情况 棉花从出苗到成熟，每个生育阶段各有不同的生长中心，在初花期以前，是以扩大营养体为主，以根、茎、叶生长为中心，逐步向增蕾转移；初花期后生长中心转向生殖器官的生长发育，以现蕾、开花、结铃为主。由于棉花不同生育阶段的生长中心不同，因而对养分的要求及吸收量也不同（表4-4）。

表4-4 不同生育时期棉株对氮、磷、钾的吸收趋势

生育时期	N(%)	P_2O_5(%)	K_2O(%)
出苗—现蕾	3～8	2～5	3～4
现蕾—开花	27～33	22～26	20～38
开花—吐絮	65	73	59～75

棉花吸收氮、磷、钾的比例，随着生育进程的推移和生长发育状况的不同而不同，根据浙江农业大学的测定，成熟棉株吸收积累氮、磷、钾的比例，随施氮水平的提高，磷、钾吸收的比例有降低的趋势。在施氮水平不同时，不同生育时期棉株吸收氮、

磷、钾的比例大体相同（表4－5）。

表4－5　不同生育时期棉株对氮、磷、钾的吸收比例表

生育时期	高　氮	中　氮	低　氮
	N：P_2O_5：K_2O	N：P_2O_5：K_2O	N：P_2O_5：K_2O
苗期	1：0.27：1.13	1：0.30：1.22	1：0.32：1.29
蕾期	1：0.27：1.40	1：0.30：1.58	1：0.37：1.72
有效花铃期	1：0.27：0.81	1：0.37：0.84	1：0.53：0.96
吐絮期	1：0.53：0.09	1：0.76：0.80	1：0.44：0.18
全生长期	1：0.32：0.82	1：0.39：0.98	1：0.48：0.99

（二）棉花对中、微量元素的需求规律

1. 棉花对中量元素的需求

（1）钙　棉花对钙的需求量比较大，一般每生产100千克皮棉需要摄取的钙素为10千克左右。通常棉花根系可以直接吸收的钙素的形态主要是土壤溶液中的钙离子和交换性络合物上的钙离子两种。像易风化的含钙原生矿物土以及次生矿物沉积的碳酸钙和硫酸钙仅只能作为土壤的钙源贮备，不能被棉花直接利用。长江流域棉区土壤钙素大都能满足棉花生长发育需要，一般不需进行人工施钙。

（2）镁　棉花对镁的需求比较明显，一般每生产100千克皮棉需要摄取的镁素为4.5千克左右。南方棉区一般情况下都不缺镁，再加上钙镁磷肥施用较多，所以不必单独施用镁肥。

（3）硫　棉花对硫的需求量比钙、镁小，但比其他微量元素要大，一般每生产100千克皮棉需要摄取硫素3千克左右。土壤中的硫多以有机态存在。当土壤有效硫含量低于10～15毫克/千克或全量低于50～100毫克/千克时，棉花将出现缺素症。硫肥的主要种类为石膏和硫磺。

2. 棉花对微量元素的需求　所谓微量元素，就是指作物需要量很小但又必不可少的一些矿质元素。通常把占作物干组织浓度低于0.1%以下的元素划归为微量元素。

（1）铁　棉花对铁的需求量在微量元素中算最大的一个，一般每生产 100 千克皮棉需要摄取铁素 0.45 千克左右。棉花吸收铁素的形态为 F^{++} 离子，铁肥则以硫酸亚铁为多。南方土壤铁的含量较高，而棉花对铁的摄取相对较少，通常无需施用铁肥。

（2）锰　在棉株组织中约占干重的 0.005% 左右，一般每生产 100 千克皮棉大约需摄取锰素 0.075 千克左右。正常生长棉花所需水溶性锰的水平为 8～12 毫克/千克，长江流域棉区土壤有效锰的含量比较高，一般都在 15 毫克/千克以上，通常不必单独施用锰肥。

（3）硼　在棉株组织中约占干重的 0.003% 左右，一般每生产 100 千克皮棉大约需摄取硼素 0.045 千克左右。棉花蕾而不花的土壤，速效硼含量临界指标为 0.2 毫克/千克；潜在性缺硼的土壤，速效硼临界指标为 0.8 毫克/千克。硼肥的主要种类有硼砂（含量 11%，溶于 50 ℃以上的温水）、硼酸（含量 17%，易溶于水）、硼泥（工业残渣，含量 0.2%～2%）。长江流域棉区普遍缺硼，施硼的增产效果十分显著。

（4）锌　在棉株组织中约占干重的 0.003% 左右，一般每生产 100 千克皮棉大约需摄取锌素 0.045 千克左右。土壤缺锌的临界水平为 0.5 毫克/千克。锌肥的主要种类为硫酸锌。长江流域棉区虽然缺锌不严重（一般在 0.5～1 毫克/千克左右），但在部分地区施用锌肥增产效果比较明显。

（5）铜　在棉株组织中约占干重的 0.001% 左右，一般每生产 100 千克皮棉大约需摄取铜素 0.015 千克左右。棉花缺铜的临界水平为 6 毫克/千克，土壤临界水平尚未测知。

（6）钼　在棉株组织中约占干重的 0.000 3% 左右，棉花对钼的需求量在微量元素中是最小的一个，一般每生产 100 千克皮棉大约需摄取钼素 0.004 5 千克左右。叶片中含钼的临界水平为 1.9 毫克/千克，正常棉株叶片中钼的含量大约在 3 毫克/千克左右。常用的钼肥种类有钼酸铵和钼酸钠。

三、棉花缺素症状的分析和判别

（一）根据症状发生部位判别

根据在棉株体内移动性强弱，可将矿质元素分为可循环利用元素和非循环利用元素两大类。

可循环利用元素：氮（N）、磷（P）、钾（K）、镁（Mg）、锌（Zn），这类元素在棉株体内移动性比较强，当棉株某器官即将衰老死亡时，在衰亡之前这类元素快速向外输出，供给新生器官生长。这类元素的缺素症状，通常在老组织先出现。

非循环利用元素：钙（Ca）、硼（B）、铁（Fe）、硫（S）、锰（Mn）、铜（Cu）、钼（Mo），这类元素在棉株体内移动性比较弱，棉株衰亡器官中这类元素不能向外输出送给新生器官生长，只能被土壤分解后由根系再次吸收利用。这类元素的缺素症状，通常在新生组织先出现。

（二）根据症状发生特征判别

棉花不同元素的缺素症状往往各不相同。但最明显的症状有两个：一是叶片出现斑点；二是顶芽发生枯死。通常把这二个症状作为判别棉株缺素的重要依据（图 4-1）。

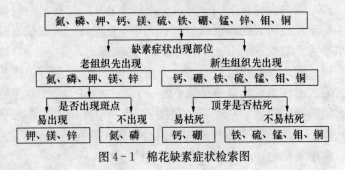

图 4-1　棉花缺素症状检索图

1. 根据是否出现斑点进行判别　当缺素棉株叶片出现明显斑点时，在可循环利用元素中，常常是缺钾、缺镁、缺锌的可能性较大；而缺氮和缺磷则不会出现斑点。

2. 根据是否出现顶芽枯死进行判别　当缺素棉株出现明显顶芽枯死时，在非循环利用元素中，通常缺钙、缺硼的可能性较大；而缺铁、缺硫、缺锰、缺铜、缺钼的棉株则不易出现顶芽枯死。可循环利用元素一般不会出现顶芽枯死。

（三）几种主要元素的缺素症状的表现

1. 缺氮　成长叶和下部叶受缺氮影响最明显。缺氮的棉株蛋白质形成减少，营养体生长瘦弱，叶片小而薄，叶色黄绿，有早衰征状，老叶黄化枯焦，新叶淡绿色；叶枝少，果枝短，植株矮小，现蕾、开花、结铃少，铃期短，铃重小，产量低。

2. 缺磷　叶片小，叶色呈暗绿色或紫红色，缺乏光泽；植株矮小，茎秆纤细而脆硬，根系不发达；生育期延迟，棉籽发育不饱满，棉铃小，吐絮差，产量低。一般症状的出现从基部老叶开始，逐渐向上发展。

3. 缺钾　发病初期叶色由淡黄转为暗绿，在绿色的叶脉间逐渐出现黄斑，然后变成褐色或锈红色，以后叶片皱缩、变脆，叶尖及边缘焦枯，最后干枯脱落（通常称黄叶枯死病）；株型矮小，根系发育受影响；棉铃小而少，成熟慢，种子和纤维品质降低。缺钾症状随着生育期推进而逐渐加重。

4. 缺硼　下部老叶肥大，暗绿色，变脆，叶脉突出，顶部新叶变小，边缘和主脉失绿，叶柄上常出现水浸状环带突起（通常称叶柄环带），严重时叶片反向卷曲、皱缩；茎及叶柄变粗、变脆，易开裂，严重时棉株顶芽坏死，因而棉株长得矮而多分枝；花蕾发育不正常，严重时花蕾苞叶张开，易脱落，落蕾似虫蛀状，开花结铃少，产量低。硼在棉株体内的移动性弱，通常棉株上、中部缺素症状比下部明显。

5. 缺锌 叶小呈杯状，叶脉间组织极度褪色失绿，失绿区组织坏死后即变成赤褐色，并形成坏死的斑点，叶面斑点有可能在主脉两侧先出现。

6. 缺锰 叶绿素的形成受到阻碍，叶片上卷，叶脉间失绿，出现细小褐色斑点，斑点处组织坏死。缺素症状最初在嫩叶上先出现。

7. 缺硫 棉株矮小，根系发育不良，生育期延迟，叶绿素消失，叶片失绿均匀，先由叶脉间开始，然后遍及全叶，最后叶片呈紫红色，叶脉仍然保持绿色，症状先发生在幼叶上，新叶黄化。

8. 缺铜 幼叶萎蔫，易出现白色叶斑，叶绿素的形成受到影响，叶绿素的稳定性差，易受破坏，叶片有失绿现象，影响蛋白质及碳水化合物向生殖器官运转，花蕾发育受阻，从而影响正常开花结铃。

9. 缺镁 叶脉间明显失绿，叶脉仍呈绿色，出现清晰网状脉纹，叶脉间出现多种色泽斑点或斑块，叶子卷起，棉株发育推迟。症状先从老叶出现，使基部叶片提早老化和脱落。

10. 缺钼 起初表现幼叶变小，叶片生长出现畸形，以后叶缘及叶尖坏死，叶片下垂萎蔫，主脉间叶组织大部分死亡，斑点遍布整个叶片。短期内全部叶子均受影响，生长极为缓慢，棉株出现不正常的"僵铃"，所得的种子发芽率下降，萌发速度减慢，幼苗生长弱，很快表现出缺素症。

11. 缺钙 苗期下部叶片（包括子叶）的叶柄弯曲而衰亡，叶尖弯钩状，并相互粘连，不易伸展，叶缘和叶脉间发白，叶缘向下卷曲，顶端叶芽基部弯曲。严重缺钙时，顶芽枯死，老叶增厚，在叶腋上开始生长出新侧芽，再生的侧芽同样由于缺钙而死亡。

12. 缺铁 棉株根系发育差，新生叶片脉间失绿，逐渐发展成整个叶片颜色变黄或发白，叶脉仍是绿色，与叶脉间变成黄白色的地方有显著区别。严重时叶缘上卷，但叶片不上卷，棉株矮小。

第六节　超高产棉花对土壤的要求

棉花生长发育状况与土壤条件关系十分密切。超高产棉花生长发育对土壤的总体要求是：土质疏松、土壤肥沃、土层深厚、酸碱度适中。

一、棉花生长发育对土壤质地的要求

超高产棉花对土壤的通透性有一定要求。土壤的通透性是土壤质地的直接表现，它直接影响棉株根系的生长和分布，从而影响到整个棉株的生长发育。

通透性差的土壤，板结坚实；土壤阻力大，通气不良，不利于根系生长，通常根系分布的范围较小，侧根数量少；通透性好的土壤，结构疏松，土壤阻力小，通气良好，在水肥条件适宜的情况下，根系生长发育良好，根系分布的范围广，而且侧根多。

通常以土壤容重来进行评价和衡量土壤通透性。当土壤容重超过 1.3 克/厘米^3 时，棉花扎根开始受到影响，达到 1.5 克/厘米^3 时，不利于根系生长。当土壤容重达到 1.7～1.8 克/厘米^3 时，根即不能伸入土中。土壤容重过小时，土壤有机质分解过快，棉株扎根不牢，易使棉株倒伏。最适合于根系生长发育的土壤容重是 1～1.2 克/厘米^3。一般棉田的土壤容重在 0.9～1.7 克/厘米^3 之间变动。通常土壤容重表层比底层小，有机质含量高的比有机质含量底的小，结构疏松的比板结的小，砂质土比壤土小，壤土比黏土小。长江流域棉区的土壤容重通常比较大，大多在 1.2 克/厘米^3 以上。

二、棉花生长发育对土层深度的要求

棉花属于直根系作物，根系非常发达，主根入土深度可达100厘米以上，侧根的横向分布离主根可以达到50厘米以上，但大量的活动根系仍然分布于10～40厘米的土层内。

棉花发达的根系对土层深度提出了新的要求。棉田土层深厚，则棉株根系生长旺盛，容易夺取高产；相反，棉田土层浅薄，则根系发育不良，很难实现高产。因此，高产棉田正常耕作土层深度要求在20厘米以上，以30～40厘米最为适宜。水稻土植棉时，最好应打破犁底层，使耕作层加深。在实际生产中，为了有效地提高耕作层深度，可以采取"深沟高畦（垄）、单畦单行"的耕作方式，提高耕作层的相对深度，创造棉花根系伸展的良好条件。

三、棉花生长发育对土壤肥力的要求

棉花的适应性和抗逆性都很强，在比较贫瘠的土壤上都能够生长。但由于棉花的生育期长、生长量大、生物学产量高，需肥量比较大，高产棉花对土壤肥力还是具有较高的要求。

有机质是土壤肥力的主要物质基础之一，它既是各种养分的供应者，又是这些养分的可靠贮存者，可作为评价土壤肥力的一个重要指标。通常根据土壤有机质含量的高低可把棉田土壤肥力划分成四个等级：有机质含量1.5％以上为高肥力水平，1.0％～1.5％为中等肥力水平，0.5％～1.0％为一般肥力水平，0.5％以下为低肥力水平。

有机质在土壤中主要有三个方面作用：一是有机质中的含氮、磷、硫等化合物，经过微生物的分解，能释放出氮、磷、硫等作物必需的营养元素，供作物吸收。特别是土壤中的氮素

95%以上存在于有机质中,作物吸收的氮素有很大部分来自土壤有机质。二是有机质中所含的多糖、腐殖酸具有黏结土粒的作用,在土壤微生物的共同作用下,形成土壤团粒结构,从而改善土壤的物理性质。三是有机质中的腐殖酸等,含有多种活性功能团,腐殖酸和多糖都具有较大的表面积,能吸附多种离子(如 NH^{++}、K^+ 等),与某些微量元素形成络合物,还能增强土壤的阳离子交换、缓冲等性能,改善土壤的理化性能。

高产棉田一般要求有机质含量在 1.5%以上,全氮含量在 0.1%以上,不仅土壤的潜在肥力高,而且有机质的矿化条件要好,能源源不断地供给棉株所需的速效氮素养分。

四、棉花生长发育对土壤酸碱度的要求

土壤酸碱度主要是通过影响棉花根系,从而影响棉株的生长发育。棉花的根系正常生长发育,对土壤的酸碱度有一定的要求,棉花根系生长对土壤酸碱度的适应范围为 pH 5.2~8,在这个范围内,棉花能良好生长,但以 pH 6~7 最为适宜。如果土壤 pH 低于 5 时,对棉株根系生长不利;pH 值低于 4 时,5~15 厘米表土层内,许多棉根都会显著肿胀,甚至破裂。在 pH 值高于 5.3 的地方,根系扎得深,产量也比较正常;而低于 5.2 的地方,随着 pH 值的降低,根系变浅,产量降低。

长江中下游棉区,棉田土壤 pH 值一般都在 5.5 以下,2006 年位于江西北部的都昌县土壤肥料工作站测试了 4 012 个土样,pH 值平均为 5.16,最高值为 6.55,最低值为 4.05。其中 pH≥5.2 的土样数有 1 421 个,占总土样数的 35.4%,pH<5 的土壤数有 1 137 个,占总土样数的 28.3%,5≤pH≤5.2 的土壤数有 1 454 个,占总土样数的 36.3%。从这些检测数据可以看出,南

方棉区土壤明显偏酸，只有 1/3 的棉田的酸碱度比较有利于棉花根系生长，而有接近 1/3 的土壤由于 pH 偏低（5 以下）而不利于棉花根系生长。对于土壤 pH 偏低的棉田，应在翻耕整地时每亩撒施 50～75 千克石灰（氢氧化钙），以达到中和土壤酸性的目的。

第五章 超高产棉田间套作理论基础及基本模式

长江中下游棉区棉田的主要耕作制度多为油棉、麦棉等二熟制栽培。近年来，在继续巩固发展棉、油双杂双移栽二熟制栽培的基础上，大力发展了棉菜、棉瓜、棉药等新型棉田套种耕作模式，套种面积不断扩大，复种指数不断提高，成为了棉田增效的新途径。

第一节　超高产棉田间套作理论基础

一、棉田间套作概念和意义

（一）间作套种的概念

1. 间作　在同一田块内，两种或两种以上生育季节相近的作物，分行或分带间隔的种植方式，称间作。间作可实行分别管理，特别是带状间作，便于机械化和半机械化作业，能提高劳动生产率。

2. 套种　在前作物的生长后期，于其株行间播种或栽植后季作物的种植方式叫套种。它与间作不同，间作的不同作物间，其共生期占全生育期的主要部分或全部，而套种的不同作物间，其共生期只占全生育期的一小部分时间，它是复种争取季节的一种方式。

（二）棉田间作套种的意义

棉田的间、套作，是指在人为调节下，充分利用不同作物间的某些互利互补关系，减少竞争因素，组成合理的复合群体结构，使之既有较大的总叶面积，延长利用光能的时间，又有良好的通风透光条件和多种抗逆性。间、套作有利于充分利用土地和气候资源，提高复种指数，增加生物总产量，并可争取农时，趋利避害，是保证棉花稳产增收的一条重要途径。

棉花田间生长期达 200 多天，如果不采取间、套作，最多只能再种一季蔬菜等，其结果是土地利用率低，经济效益差。如果能充分利用棉花前期苗小，对土地和气候资源利用不充分的特点，因地制宜地搞好间、套作，是提高棉区经济收入的有效途径，特别是推广抗虫杂交棉以后，降低了田间基本苗数，减少用药，减轻污染，为发展棉田间、套作提供了更广阔的空间。

二、棉花间套作物种类的选择原则

1. 高与矮或胖与瘦作物搭配的原则　如棉花与生姜等矮秆作物搭配，这样植株纵横发展彼此干扰少，更有利于通风透光，促进早熟高产。

2. 单子叶作物与双子叶作物结合的原则　如棉花与麦类等进行搭配，这样既可以用地养地，又能因其根系深浅不一致而充分利用土壤各层次的各种营养物质。

3. 长生育期作物与短生育期作物搭配的原则　让主作物生育期长一点的作物和副作物生育期短一点的进行搭配种植，这样互相影响小，能充分利用当地有效的无霜期而达到全年的高产丰收。如春萝卜与棉茬套种，春萝卜的田间生长期只有 60～120 天，这一时期棉花处于发棵期，待棉花进入生长高峰期时，春萝卜已经采收。

4. 趋利避害的原则　在考虑根系分泌物时，要根据相关效应或异株克生原则，趋利避害。已查明，马铃薯、萝卜、大蒜、大麦等与棉花之间的化学作用是无害（或有利）的，因此，这些作物可以搭配。

第二节　超高产棉田间作套种的基本模式

一、棉花、油菜套种

棉花、油菜套种是长江流域棉区棉田的主要耕作模式。棉田土壤疏松肥沃，排水条件良好，为油菜生长发育提供了良好的条件。发展油菜生产又为棉花生产提供了优质的有机肥料（菜籽饼和油菜秸秆）。两者互惠互利，既有利于实现棉花高产优质，又有利于油菜夺取高产，是南方棉区棉田主流耕作制度。水肥条件好的棉田，籽棉单产可达 400 千克/亩，油菜籽单产可达 150 千克/亩以上，高的可达 300 千克。

（一）棉田油菜套种方式

一是在 10 月中旬前后实行棉田栽油菜，即在 9 月中旬进行油菜育苗，到 10 月中旬当棉花开始松叶时，在棉行间进行油菜移栽，每个棉畦上栽油菜苗 3～4 行，行距 30～40 厘米，株距 20～30 厘米，一般亩栽 5 000 株左右，正常长势的棉田，棉花和油菜的共生期约 50 天左右；二是在 9 月下旬至 10 月上旬，进行棉田撒播油菜籽，要确保每亩播足 250 克杂交油菜种子，这种方式比较省工，只要管理措施跟上，同样可以获取高产。

（二）油菜主要田管措施

1. 注意狠抓油菜早发　做到带肥移栽，及时抗旱，早防病虫。

2. 棉花拔秆后及时中耕、松土、培土、施肥　在 12 月中旬重施腊肥，每亩施腐熟的猪牛栏粪等有机肥 1 000 千克。

3. 注重清沟排渍 及时清理三沟促进根系生长，防止油菜病害发生。

4. 注重施硼 移栽时每亩用 17％高效硼肥 200 克作基肥，抽薹到初花期，亩用速乐硼（含量 20％）50 克对水 30 千克进行叶面喷雾，防止花而不实。

5. 注重薹肥的施用 一般亩用尿素 7.5 千克、氯化钾 5 千克，于"立春"后 5～10 天撒施于油菜行间。

二、棉花、洋葱套种

棉花、洋葱套种，是棉、菜套种的重要模式之一。洋葱是百合科葱属中以肉质鳞片和鳞芽构成鳞茎的二年生草本植物，洋葱喜冷凉、不耐高温。生长适宜的温度为 12～26 ℃，种子和鳞茎可在 3～5 ℃低温条件下发芽，12 ℃以上发芽迅速，苗期生长适温 12～20 ℃，能忍受 0 ℃以下低温，短期−6 ℃低温不致冻死，鳞茎膨大期要求温度 20～26 ℃和一定时数的长光照，高于 26 ℃鳞茎停止生长。可见，洋葱非常适宜作棉田套种。

(一) 棉葱栽种方式

按沟宽 1.3 米作畦，一般畦面宽 90 厘米左右，沟宽 40 厘米左右，在畦中间栽种 1 行棉花。洋葱则在 11 月中旬栽于棉畦上，每个棉畦栽种 4 行洋葱，行距为 20 厘米，株距为 15 厘米，每亩栽种洋葱 12 000 株左右。

(二) 洋葱品种选择

可选用红皮洋葱，它对低温要求较严，抽薹率低，在短日照和较低温度条件下亦可形成鳞茎，而且外观美，易被市场接受。棉田套种，一般每亩棉田需种子 150 克左右。

（三）适时育苗移栽

一般在 9 月中下旬进行播种育苗，播种床地要求疏松肥沃，以利出苗，每亩棉田需苗床面积 20 米² 左右，播种前一周进行苗床培肥，每 20 米² 苗床浇施腐熟人粪尿 1 担* 或撒施 45％复合肥 1 千克与床土混匀即可。播前浇足水，待水分渗匀后，干籽撒播，覆土 1 厘米厚，上盖稻草，约 8～10 天幼苗出土，揭开稻草。苗期浇施 1～2 次稀水粪或沼肥，1～2 和 3～4 真叶时分别进行间苗，保持苗距 3 厘米，间苗后浇清水一次，促进根系生长。11 月中旬至 12 月上旬定植，定植时，在棉畦上按预定的行距开 4 条 15～20 厘米的施肥沟，亩施腐熟有机肥 1 000 千克、钙镁磷 40 千克、氯化钾 15 千克，或 45％三元复混肥 50 千克，施于沟中，覆土平沟，然后按株距 15 厘米进行洋葱苗定植，栽植深度以土埋没小鳞茎、浇水不倒秧为宜。

（四）洋葱田间管理

定植后及时浇缓苗水，促进早活棵；越冬期一般不施肥，为了增强抗寒能力，可根据苗情在"冬至"前后追施一次稀薄水粪；开春后，及时追施催苗肥，亩施尿素 15 千克；3 月份重施一次膨大肥，一般亩施 45％复混肥 15～20 千克；病虫害有褐斑病、枯萎病、菌核病、葱蝇和葱蓟马，注意药剂防治。同时，注意清沟排渍和中耕除草，发现抽薹随时摘除，以利鳞茎膨大。

（五）及时采收洋葱

4 月下旬至 5 月初可以选大的采收，早上市价格高。延后上市的可在 5 月中下旬，以管状叶大部分倒伏、鳞茎充分膨大采收

---

* 担为非法定计量单位，1 担＝50 千克。

为宜。采收时选好晴天,先将植株拔起,暂放田间,用茎叶盖好鳞茎晾晒一段时间,使其外皮适当干燥,然后每 10 个扎成一束,挂通风处贮藏。若于收获前半个月叶面喷洒 0.25%青鲜素水溶液(每亩用 50～75 千克),可破坏洋葱生长点,使其永不发芽,可达到更好地延长供应时间的目的。但留种洋葱不可使用。

三、棉花、春马铃薯套种

马铃薯为茄科茄属中能形成地下块茎的栽培种,一年生草本植物。马铃薯喜凉爽,怕炎热,块茎萌发最低温度为 4 ℃,适温为 12～18 ℃,茎叶生长的适温为 21 ℃,同化作用适温为 20～25 ℃,薯块形成以 16～18 ℃最为适宜,超过 29 ℃时块茎则停止生长。块茎和植株均怕受冻,0 ℃时受冻,－4 ℃时则全株冻死。马铃薯是喜光作物,长日照促进茎叶生长和现蕾开花,短日照有利于块茎形成,块茎形成时必须在黑暗无光的条件下才能进行。要求土壤疏松肥沃、酸碱度适中。可见在棉田的冬闲季节(前茬)种一季春马铃薯是切实可行的。推广棉花、马铃薯套种,既能获得较高的马铃薯收成,又能疏松和培肥棉田土壤,促进棉花丰产丰收。

(一)马铃薯品种选择

棉田春季栽种的马铃薯品种可选择中薯 2 号、费乌瑞它等极早熟或早熟高产优质品种。棉田套种马铃薯时所种的密度比较稀,一般每亩需种薯量比正常栽培要少,通常棉田套种每亩只需种薯 50～80 千克。马铃薯顶部的芽具有顶端优势,萌发早,长势强,在种薯切块时,应将种薯纵切,使每一切块都带有顶部的芽,共有芽眼 2～3 个,每块重约 25～30 克,切块后,将切口涂抹草木灰,再进行播种。

（二）马铃薯栽种方式

春节后，当气温达到 4 ℃时，在棉田棉畦面上纵向开两条埋肥沟（播种沟），两沟相距 50 厘米，沟深 10～15 厘米，播种时按 20～25 厘米的株距将种薯块平放于沟中，覆土 3～4 厘米，再在沟中施入基肥，每亩施腐熟的厩肥、土杂肥、草木灰等有机肥 1 500～2 000 千克，有机肥数量不足或地力较差的应再增施 20～25 千克复合肥。施基肥后再覆土 6～7 厘米，平播种沟即可。

（三）马铃薯田间管理

齐苗后应及时追施适量人粪尿或尿素水提苗；发棵中期，结合培土，每亩施复合肥 15～20 千克；若地上部分生长过旺，可用 100 毫克/千克多效唑进行化控，促进球茎膨大；在球茎膨大期间，要进行 2～3 次培土，创造薯块膨大的适宜环境，避免薯块露出地面经日晒而变绿现象，实践证明，马铃薯培土具有显著的增产作用；在花蕾已形成抽出花序时，及时摘除花蕾，并将植株打顶，减少养分消耗，促进薯块膨大。

马铃薯主要病害有晚疫病、早疫病、可用 1 000 倍的硫酸铜或 700 倍 70％的代森锌或 500 倍 50％多菌灵药液进行防治；主要虫害有地老虎、马铃薯瓢虫、金龟子、蚜虫等，应选择高效低毒对路农药防治。

（四）及时采收马铃薯

棉田套种的马铃薯，5 月中旬可以开始采挖马铃薯，5 月下旬至 6 月上旬，应进行全面采挖。挖完马铃薯后，及时埋施棉花蕾肥。

四、棉花、春萝卜套种

萝卜是十字花科萝卜属二年生作物，直根系，主根入土很深，肉质根为营养贮藏器官，也就是我们收获的萝卜。萝卜喜土层深厚、疏松、排水良好的砂壤土或壤土，对营养元素的吸收以钾最多，氮次之，磷最少。萝卜喜冷凉气候，有的品种具有一定的耐寒和耐热能力，因而萝卜品种类型可分为春萝卜、夏萝卜、秋萝卜、冬萝卜四种。其中春萝卜最适宜棉田套种，其收获正值蔬菜春淡季节，价格好，收益高。

（一）春萝卜品种选择

应选择冬性强、耐寒、抽薹晚的品种。一般棉田套种春萝卜每亩用种量约为 150 克左右。目前，最适宜棉田套种的春萝卜品种有以下二个：

1. 白玉春　韩国生产的品种，播后 60 天可收获。叶簇直立，叶片少，全裂。耐寒性好，抽薹晚，肉质根生长快。萝卜圆筒形，长约 30～33 厘米，粗 9～10 厘米，单个重 0.7～1.2 千克，品质好，皮肉白色、肉质致密、脆嫩、味甜。

2. 四季小政　日本育成的一代杂交种。生长期 60～70 天。板叶，叶簇半直立，肉质根长圆筒形，1/4 露出地面，皮肉白色，汁多味甜，品质优良，单个重 0.5～1.2 千克，可四季栽培。

（二）春萝卜栽种方式

露地栽培 2 月下旬至 4 月上旬直播，5 月收获。地膜栽培的 2 月中下旬播，4 月底至 5 月上中旬收获。一般棉田套种春萝卜，播期为 10 厘米地温达到 8 ℃时最为适宜，一般在 3 月中下旬。采用地膜栽培的播期可以提前到 3 月上旬。其栽种方式为：每个棉畦播 2 行萝卜，两行相距 50 厘米，每行内播 2 排萝卜籽。播种时先开埋肥沟（播种沟），沟深 10～15 厘米，在沟中施入基肥，每亩施腐熟的厩肥、土杂肥、草木灰等有机肥 1 500～2 000 千克，有机肥数量不足或地力较差的应再增施 10～15 千克复合肥，覆土 5～6 厘米。播种时按 10 厘米见方的将种子分 2 排摆放于沟中，覆土 4～5 厘米，平播种沟即可。

（三）春萝卜田间管理

撒播的应间苗 1～2 次，5～7 真叶定苗，未盖地膜的前期应中耕除草 2 次，条播和点播的结合中耕适当培土；定苗后应点施腐熟的人粪尿提苗；萝卜肉质根膨大时，每亩追施三元复合肥10 千克左右，促进肉质根快速膨大；注意清沟排渍，防止渍害的发生；注意及时摘除早抽的花薹；注重蚜虫、菜青虫、黑腐病、软腐病等病虫害的防治。

五、棉花、春甘蓝套种

结球甘蓝是十字花科芸薹属甘蓝种中能形成叶球的一个变种，二年生作物。甘蓝可以进行春、夏、秋三季栽培，其中春甘蓝从生长季节、品种特性、经济效益等方面，均适宜作棉田套种。

（一）栽种方式

可于 1.3 米宽的棉畦上种 2 行甘蓝，行间距 50～60 厘米，株距 40 厘米左右，亩栽 2 500 株左右。

（二）栽种季节

棉田套种春甘蓝，可于 10 月中旬育苗，11 月中下旬定植，4～5 月收获，熟期晚的可延续到 6 月采收。

（三）品种选择

应选用耐寒、冬性强的早熟品种，适宜于长江中下游作棉田套种的春甘蓝品种有三个：

1. 争春 上海市农业科学院园艺研究所选育的早熟春甘蓝

一代杂交种。开展度约 60 厘米，耐寒、冬性强。叶球圆球形，单球重 1.5 千克左右，品质优。

2. 春雷 江苏省农业科学院蔬菜研究所选育的早熟春甘蓝一代杂交种。开展度约 57 厘米，较耐寒、冬性强。叶球高圆形，球紧实，单球重 0.7 千克左右，品质优良。

3. 春宝 浙江省农业科学院园艺研究所选育的早熟春甘蓝一代杂交种。株型紧凑，开展度约 45～55 厘米，冬性强。叶球尖圆头形，中心柱短，约占球重的 7.5%。单球重 1 千克左右。

(四) 栽培要点

春甘蓝栽培的关键技术有三点：一是选用耐寒、冬性强的早熟品种；二是适期播种育苗和定植；三是在肥水管理上要做到冬控春促。

六、棉花、车前草套种

车前草又名车轮草，为车前科多年生草本植物。车前子则是车前草成熟的种子，具有利尿通淋、渗湿止泻、清肝明目、清肺化痰等药理作用，是名贵的中药材。在长江中下游地区可作为冬季作物种植，一般每亩可收获车前子 100 千克以上。每亩经济效益可达千元以上。

车前子形态呈椭圆形或不规则长圆形，稍扁，长 1.5～2 毫米，宽 0.5～1 毫米。表面淡棕色至黑棕色。放大镜下观察，全体微有细皱纹、种脐淡黄色，椭圆凹窝状。

(一) 栽种方式

可于 1.3 米宽的棉畦上种 2 行车前草，行间距 30～40 厘米，株距 20～25 厘米左右，预留棉行宽度 50 厘米左右，亩栽 4 500 株左右。

（二）栽种季节

棉田套种一般在 9 月上、中旬播种，10 月下旬移栽，次年 5 月下旬收获结束。

（三）品种选择

车前子品种有大车前子、小车前子两种。在生产上应选用大车前子品种。

（四）栽培要点

1. 培育壮苗

（1）苗床整地　车前子播种苗床应选择土质疏松肥沃、排水良好、前茬未种过车前草的土壤为宜，每亩大田选用苗床 0.05 亩，提倡稀播壮苗。选床后深翻 15～20 厘米，耙细整平，每 0.1 亩苗床施 45％复合肥 1～1.5 千克、石灰 2 千克与床土混匀，然后按 1～1.2 米宽的规格作畦，作畦后待播种。

（2）播前种子消毒　每 50 克种子用 70％甲基托布津或五氯多粉剂 1 克的比例，拌匀后装入盛桶中，上盖报纸，放置 24 小时后再播种。

（3）高质量播种　播种时间以 9 月上中旬为宜，每分地苗床播种量为 10 克左右，可供 2 亩大田用苗。播种前先将床土用水壳洒水湿透，然后均匀播种，播种后盖上适量细土，再覆盖一层薄稻草保湿促出苗。

（4）苗床管理　播种后如三天内未下雨，应及时洒（喷）水补湿 1～2 次，保证种子发芽应有的水分；出苗后 2～3 天，就及时揭去覆盖的稻草，防止高脚苗；齐苗后应及时间苗，去弱留强，同时拔除杂草，尽量不使用化学除草剂；二叶一心后，应适量追施壮苗肥，每分地苗床用 250 克尿素对水 100～150 千克浇施苗床。

2. 高质量移栽

（1）打送嫁药　移栽前 2～3 天，用甲基托布津 500 倍液进行苗床喷雾。

（2）适时移栽　当苗龄达 4～5 叶时进行移栽比较适宜，一般情况下在 10 月下旬至 11 月上旬移栽。

（3）合理密植　棉田套种车前草，一般亩栽 4 500 株左右。每个棉畦上栽种 2 行车前草，在棉畦中间保持 50 厘米预留棉行，车前草实行宽窄行栽种，窄行间距 30～40 厘米，宽行距 50 厘米（预留棉行），株距 20～25 厘米左右。一般每穴栽苗 1～2 根。

（4）施安家肥　一般肥力棉田，在车前草移栽时，每亩用 45％复混肥 20～25 千克，均匀施于移栽穴底作安家肥。栽后每亩点施腐熟的清淡水粪 300～400 千克作活棵肥。

3. 大田管理

（1）追肥提苗　春前追肥以磷肥、钾肥和有机肥为主，尽量少施氮肥，一般以人畜粪作提苗肥较好。

（2）中耕除草　冬前要及时进行中耕除草，尽量少使用化学除草剂，多中耕松土，促进车前草的根系生长。

（3）清沟排渍　开春后，雨水较多，应及时清沟排渍，增强根系活力，减少病害发生。

（4）喷药防病　车前草后期易发生菌核病，因此在中、后期要经常性喷施抗真菌性病害的杀菌剂（如：多菌灵、甲基托布津、代森锰锌、百菌清等）。

4. 适时分次收获

车前草有分批成熟习性，应做到成熟一批收获一批，收获后及时晒干脱粒，力求粿粒归仓。

七、棉花、生姜间作

生姜为耐阴植物，在生长过程中，怕强光烈日，生产上常采用遮荫栽培。生姜喜肥，要求土质疏松肥沃、土层深厚、排灌良好。生姜怕涝怕旱，在根茎膨大期需要大量的水分。棉田的土壤条件和肥水条件，对生姜的生长都比较有利，尤其是棉花的植株又正好是生姜遮荫的天然"凉篷"。所以，在棉田间作生姜，对生姜高产优质十分有利，是目前棉田耕作制度中的一个典型相互促进的栽培模式。一般高产田块籽棉单产能达到300～400千克/亩，生姜单产可达到500千克以上。经济效益十分可观。

（一）棉姜栽种方式

按沟宽1.3米作畦，一般畦面宽90厘米左右，沟宽40厘米左右，在畦面栽种1行棉花和1行生姜。棉花与生姜的行距为40厘米左右。棉花株距30～35厘米，每亩栽种棉花1 600株左右；生姜株距为20～30厘米，每亩栽种生姜2 000株左右。

（二）生姜品种选择

可选用生育期较短的抚州生姜或黄老门生姜品种，每亩棉田需种姜60～80千克。

（三）生姜催芽播种

1. 催芽播种时间　一般在3月中下旬进行催芽，催芽时间约25天左右，播种时间一般在4月中旬至5月上旬，约比棉花移栽早5～7天。

2. 种姜消毒　在催芽前7～10天左右，取出贮藏的种姜，经挑选后，用20％草木灰溶液浸种20分钟或用70％甲基托布津1 000倍液浸种1小时，可以有效地防止姜瘟等病害。消毒后的种姜选晴天晒种2～3天，早出晚收，然后在室内堆放3～4天，再晒1～2天，重新选一次种后开始催芽。

3. 催芽方法　一般采用温床（阳畦）催芽法。催芽时，在畦床底部及四周铺一层10厘米厚的稻草，把已消毒过的种姜排放在上面，种姜上再覆一层10厘米厚稻草。白天畦床上覆盖塑料薄膜，夜晚加盖草帘保温，把温度控制在 22～25 ℃之间。一般 25 天左右芽长可达 1～1.5 厘米，即达到播种要求。

4. 播种方法　催芽后进行分块播种，一般每块种姜留壮芽 1～2 个，切开或掰开，每块重约 30～50 克，断面蘸草木灰。按既定的株行距进行播种。播种时，种姜排放采用平播法，即将种姜块水平摆放在播种沟内，使姜芽统一朝南或朝东，边排边覆 4～5 厘米厚的细土。此法有利于日后扒老姜。

（四）生姜田间管理

肥水管理与棉花基本同步，但灌溉时切忌大水漫灌。由于生姜根茎生长和膨大需黑暗和湿润条件，一般应进行 3～5 次培土，从取种姜时进行第一次培土，以后逐渐把畦面加宽加厚。在病虫害防治上，主要注意玉米螟危害。

（五）生姜适时采收

可分为收种姜、收嫩姜、收鲜姜三种。种姜在姜苗有 5～6 片叶时掏取；嫩姜在 9～10 月大量采收；鲜姜在地上部分开始枯黄、根茎充分膨大时采收。

第六章 棉花超高产栽培的品种组合

第一节 超高产棉花对品种的要求

一、棉花良种的意义

棉花品种是在栽培群体中发生变异的个体、或通过人工杂交创造的新类型、或理化诱变的个体、或其他方法产生变异的个体中，经过有目的选择和培育形成的。

棉花优良品种是指在当时当地的生产条件下，所表现出来的丰产性、优质性、抗性和早熟性都能满足国民经济和农业生产发展要求的品种。

随着国民经济和农业生产的发展，对优良品种常常提出新的要求，原来的优良品种也会因失去在生产上利用的价值而被淘汰。为了充分发挥品种在棉花生产中的作用，一定要不断地选育和推广适应国民经济和农业生产发展要求的棉花新品种，来替代相形见绌的老品种。

在新品种推广过程中，还要采取有效的良种繁育措施，有计划地进行原种和亲本的提纯复壮，用以维持和提高优良种性，防止品种退化，延长良种寿命。

二、超高产对棉花品种的要求

（一）具有较大的增产潜力

棉花的增产潜力的表现是多方面的：既要早发性好，又要生长稳健，还要后劲足；既要桃子多，又要桃子大，还要衣分高。总体要求是使这些性状相互平衡、协调。

1. 易早发 作为超高产品种，早发性好是一个非常重要的条件。早发的主要表现有三个方面：一是出苗整齐健壮，种子的发芽势好；二是幼苗期抗逆性强，对苗病和低温寒害都有较强的抗性；三是苗期生长快，前期根系发达，营养生长势比较旺盛。

2. 不早衰 防早衰是实现棉花超高产的关键性技术措施。产生早衰的原因除了肥水等栽培因素外，与品种特性也有一定关系。一般情况下，早发早熟的品种前期上桃比较集中，伏前桃和伏桃的比例大，在肥水脱节的情况下，最容易出现早衰。而早发中迟熟品种，前期营养生长比较旺盛，通常第一果枝着生节位较高，叶枝稍多，前期上桃相对较分散，在肥水能满足供应的情况下，一般都不会出现早衰。由于长江中下游棉区棉花的有效结铃期比较长，为了充分利用早秋的最佳结铃时期，超高产棉花品种应该选择后劲相对比较足的品种。

3. 结铃性强 前面章节已经分析过总铃数与产量的关系，在棉花产量构成因素中，单位面积上的总铃数对产量影响最大。因此，主攻单位面积总铃数是棉花超高产栽培的关键措施。可见选用结铃性强的品种对实现棉花超高产具有战略性意义，特别是在伏秋高温期间结铃强的品种更适合于作为超高栽培的主推品种。

4. 棉铃大 棉花单铃重的大小，是棉花产量构成因素中，对产量影响较大的一个因素，它对产量的影响仅次于总铃数，特别是在不同的气候条件下，它对产量的作用更大。但是在实际生产中，通常总铃数与单铃重呈一定负相关，也就是说结铃性强的品种大多为铃型偏小的品种，总铃数与单铃重在一定程度上表现为矛盾的对立关系。但近几年来，也有一些结铃性较强的大铃型品种应用于棉花生产，其增产作用非常明显。因此，在生产上应选择铃重中等偏大（一般要求单铃重 5 克以上）、结铃性又比较强，两者之间关系比较协调的品种。

5. 衣分高 衣分是棉花产量的一个重要构成因素，其变幅是三个产量构成因素中最小的一个因素，对棉花产量的影响相对最小。一般情况下，同一品种衣分的变幅比较小，而品种间的衣分变幅稍大。可见衣分主要受品种遗传特性影响，受栽培管理等外界因素的影响较小。由此可见，选用综合性状好的高衣分品种，是实现棉花超产的重要因素之一。

（二）具有优良的纤维品质

棉花的效益与纤维品质之间的关系十分密切，随着纺织工业对高支纱棉织品原料要求的不断提高，品质与效益的关系将来会变得更加紧密。因此，提高纤维品质也是棉花超高产栽培的重要内容。目前棉花纤维品质要素中最重要的有纤维长度、细度、比强等三个方面。

1. 纤维长度 要求 2.5%跨长达 29 毫米以上。

2. 纤维细度 要求马克隆值在 3.5～4.9 之间。

3. 纤维比强 要求比强度在 28 cN/tex（HVICC 水准）以上。

（三）具有较强的抗逆能力

由于棉花生长期很长，从 4 月上旬播种开始，一直要到 11 月中下旬收花结束，中间大约要经历近 8 个月的时间。期间受到威胁的病害有苗病（立枯病、炭疽病、疫病等）、枯萎病、铃病（黑果病、红粉病、红腐病等）；受到威胁的虫害有棉铃虫、红铃虫、斜纹夜蛾、红蜘蛛、蚜虫、小地老虎、棉盲蝽、叶跳虫等近 10 种；受到威胁的灾害性气候因素有春寒、倒春寒、冰雹、高温、干旱、台风等。可以说棉花的一生要经历多灾多难。因此，选择抗逆性强的品种，对实现棉花超高产栽培是非常重要的。

1. 具有较强的抗病能力 首先是对棉花苗床病害的抗性要

强，易保苗，成苗率高；其次是对大田苗期病害的抗性好，高抗枯萎病、耐黄萎病，棉田死苗缺株率低，易抓全苗；第三是对铃病的抗性较好，吐絮畅，烂铃少。

2. 具有较强的抗虫能力　要求对棉铃虫、红铃虫、金刚钻、玉米螟等鳞翅目钻蛀性害虫有较强的抗性。

3. 具有较强的耐高温能力　7月下旬至8月中旬，通常是长江流域棉区高温酷暑季节，晴天白天温度达 35 ℃的时间较长，这段时间正好又是棉花的花铃盛期，35 ℃以上的高温对棉花的开花受精非常不利，从而在一定程度上影响棉花坐桃。而棉花现有品种中，有些品种花粉量很足，花粉耐高温能力很强，在高温季节仍然具有较强的结铃性；有些品种在高温条件下，花粉量很少甚至没有花粉，花粉的活性也很低，在高温季节结铃性很差，有少数品种在高温期几乎不能坐桃。因此，选择耐高温能力强、高温季节坐桃好的品种，对夺取棉花高产非常关键。

4. 具有较强的抗倒伏能力　8～9月份南方棉区台风比较频繁，通常每年都要遇上 1～2 次不同危害程度的台风侵袭，给棉花生产造成了一定损失。因此，选用根系发达、主杆粗壮坚硬、植株稳健、抗倒伏能力强的品种，也是非常重要的增产措施。

第二节　当前棉花品种的主要
类型及发展趋势

一、当前棉花品种的主要类型

进入 21 世纪后，随着转 Bt 基因抗虫棉大面积推广，我国棉花品种选育工作发展非常迅速，应用于棉花生产的品种数量和种类很多。按生产习性分，这些品种主要可划分为三大类：一是多铃紧凑型品种，这类品种结铃性比较强，铃略小，株型较为紧凑，前期上桃快，早熟稳产性好，适宜在丘陵棉区种植，如泗抗

3 号、泗杂 2 号、中棉所 29 等；二是大铃松散型品种，这类品种通常株型高大疏朗，长势旺，棉铃大，一般多为中迟熟品种，增产潜力大，适宜在肥水条件好的地方种植，如中棉所 48、先杂 1 号、楚杂 180 等；三是中铃中间型品种，这类品种的结铃性、铃重比较协调，株型较为紧凑，中熟或早、中熟，适应性强，高产稳产性好，如慈抗杂 3 号、赣棉杂 1 号等。

按育种程序，当前我国推广种植的棉花品种可分为以下二大类：

(一) 普通棉品种

通常指未进行抗虫基因（Bt）导入的普通陆地棉品种。其中又可分为常规品种和杂交品种两类。

1. 常规品种　是指通过各种途径选育后，生育性状得到了稳定的基因纯合体棉花品种。如泗棉 3 号、赣棉 11 等，这类品种的第二代一般不会出现基因分离现象。因此，农民可以进行自行留种 1~2 年。这类品种的繁育可以通过"三圃法"或"混系法"进行提纯复壮，生产原种，再扩繁良种。

2. 杂交品种　是指通过"不育系"或"人工去雄"等方法进行杂交所生产的杂交一代（F_1）品种，通常称为杂交组合。这类品种具有较强的杂种优势，与常规品种相比，具有较大的增产潜力。杂交二代（F_2）会出现严重分离现象，所以杂交棉品种一般只能种植一年，农民不能自行留种，必须年年购种。如：湘杂棉 1 号、湘杂棉 2 号等。

(二) 抗虫棉品种

通常指导入了抗虫基因（如 Bt 基因）的转基因陆地棉品种。其中又可分为常规抗虫棉品种、杂交抗虫棉品种、双价抗虫棉品种三类。

1. 常规抗虫棉品种　一般是指直接导入 Bt 等抗虫基因的陆

地棉品种，这类品种的基因为纯合体，第二代不会出现分离现象，但农民一般不宜长期进行自行留种，否则会导致抗虫基因飘移，影响品种的抗虫性。如：33B、国抗 22、鲁棉研 21 等，这类品种的结铃性一般都比较强，但棉铃相对比较小，丰产性一般。

2. 杂交抗虫棉品种　指杂交组合亲本中，有一个是转基因抗虫棉品种，制种方法与普通杂交棉品种相同。是长江流域棉区推广面积最大、推广范围最广的品种类型。目前所推广的杂交抗虫棉品种中，大多数是采用"人工去雄法"生产的，一般是以抗虫棉品种作父本，以丰产优质普通陆地棉品种作母本。杂交抗虫棉品种只能使用杂种一代（F_1），若农民进行自行留种使用第二代（F_2）的话，会出现严重分离，抗虫性、丰产性和纤维品质都会受到明显影响。因此，使用杂交抗虫棉品种，必须要年年购种。如：先杂棉 1 号、中棉所 48、楚杂 180、慈抗杂 3 号、金农棉 2 号、湘杂棉 3 号等。

3. 双价抗虫棉品种　指直接导入了二个不同类型的抗虫基因，其抗虫性更强，而且不易使害虫产生抗性，是 21 世纪以来的重大科研成果。如中棉所 41、中棉所 45 等。

二、棉花品种选育的发展趋势

杂种优势在生物界是普遍存在的，利用杂种优势是提高农作物产量和品质的一项有效技术措施。近十几年来，棉花杂种优势利用研究工作取得了很大进展，但也存在一些问题。但发展趋势已初步明朗。

（一）当前推广杂交棉存在的生产问题

1. 超优势杂交组合的选配　杂交棉的增产潜力究竟有多大？研究和实践证明，若利用现有的陆地棉种内杂种优势，其杂种一代产量比当地当家品种的原种可增产 10％～30％，但其产量性状的改进不大，特别是在短期内很难大幅度提高纤维品质。

2. 防杂保纯的标记型杂交棉组合的选配　棉花形态标记性状在真假杂种和亲本纯度识别上具有直观、可靠、简便易行的优点，国内已经研究过的指示性状有芽黄、鸡脚叶、红叶、无腺体等。到目前为止，尚未选育出在生产上可利用的、而对棉花产量和品质无不利影响的指示性状。特别是在人们采用棉花不去雄杂交制种时，在母本花粉为可育的条件下，是否能选育出适当的形态指示性状来进行杂交制种，更显得特别重要。

3. 打破优质与高产性状在遗传上的负相关　以往陆地棉种内品种间杂交，常采用一次杂交配组方法，并想育出二者皆优的组合，事实证明具有相当大的难度。

（二）棉花杂交组合选育的发展趋势

1. 人工去雄授粉杂交制种　人工去雄法是国内外迄今为止棉花杂种优势利用面积最大、效果最好的途径，今后一段时间内仍将是棉花杂种优势利用的主要途径。其最大优点是不受"恢、保"关系制约，配组自由度大，选配出强优势组合的几率高。目前，长江中下游棉区大面积推广的"湘杂棉"、"鄂杂棉"等，大都是采用该途径育成。同时人工去雄法还有一个突出优点，就是可以利用 F_2 代，但应当指出的是：抗虫棉组合、优质棉组合中，如果其中只有一个亲本具有抗虫基因或优质性状，双亲差别很大，F_2 代则必将出现分离，因而失去利用价值。

2. 雄性不育系制种　棉花雄性不育系包括胞质不育系和核不育系两种类型。目前，采用胞质不育系配组育种时，由于受恢复系和保持系关系的制约，配组成功率较低，选配出强优组合的难度较大，至今生产上应用极少；采用核不育系配组时，由于核不育系本身的育性转换问题，制种时不育系中仍有 50% 左右的可育株需要拔除，而且通常要到现蕾至初花期时才能识别其育性，一般制种产量较低，若在制种时对可育株的拔除不彻底，

F_1 代中会出现不育株而影响棉花产量。

3. 海陆杂种棉的发展趋势 海陆杂种棉具有优质、高产、抗逆性强等优点,在长江流域棉区如何发展,许多学者认为,利用具有高度海岛棉血缘的陆地棉型准海岛棉与高产的陆地棉品种杂交配制准海陆杂交种,这可能是未来杂交棉在产量、品质与抗性方面得以同步提高最有希望的途径。

4. 其他利用途径

(1) 芽黄等指示性状的利用 将芽黄、无腺体等作指示性状,采用不去雄人工授粉法进行杂交制种,再利用指示性状在苗期去掉自交种的方法利用 F_1 代。但由于存在多数芽黄基因对棉花经济性状有一定不利影响、而且与父本的配合力低、优势不明显等问题,尚有待今后克服。

(2) 转基因应用于杂交种 这是基因技术的成功范例,它既可将其他生物的优良性状强制、快速转入棉花,提高其产量、品质和抗性,又能在 F_1 代快速鉴别其真伪。目前已广泛应用于棉花杂优利用研究领域。

第三节 超高产棉花品种选择的原则和主要品种

一、超高产棉花品种的选择原则

合理选择棉花品种,是实现棉花超高产栽培的重要技术环节。如何合理地选择适宜的棉花优良品种,是现实棉花生产上的一个重要问题。随着棉花育种工作的快速发展,尤其是棉花杂交育种工作的快速推进,加上种子市场的放开,实际投放到棉花生产的品种很多,通常一个县或者一个乡,一年之内同时推广应用的品种数量多达十几个甚至几十个。一般情况下,通过了正式审定的棉花品种,都具有一定的丰产性,只要生态条件与品种特性相适应，都能获得比较高的产量。但是品种与品种之间，又存在着较大的个性差异，品种的生育特性和对环境的适应性都有各自的特点。因此，在合理选择品种时，一般应掌握以下原则：

(一) 根据土壤类型确定品种

平原洲地和水改旱棉田，土壤比较肥沃，棉花个体发育的生态环境较好，一般应选用个体生长优势强、株型高大疏朗、后劲足、增产潜力大的中迟熟品种；丘陵红壤棉地，则应选用早发早熟、前期上桃快、结铃集中、株型较为紧凑的早熟品种。

(二) 根据灌溉条件确定品种

灌溉条件好的棉田，通常土壤比较肥沃，加上水利有保障，棉花的个体发育较大，后期不易出现早衰，秋桃多，易夺取高产，一般应选用个体生长优势强、株型高大疏朗、后劲足、增产潜力大的中迟熟品种；对灌溉条件较差的丘陵红壤棉地，则应选用早发早熟、前期上桃快、结铃集中、株型较为紧凑、根系发达，耐旱性强的早熟品种。

(三) 根据施肥水平确定品种

一般施肥水平高的棉区，应选用后劲足、增产潜力大的耐肥品种；对于施肥水平较低的棉区，则应选用株型较为紧凑、结铃集中、需肥量比较小的早熟品种。

(四) 根据种植密度确定品种

种植密度比较稀的棉区，棉株的个体发育空间比较大，可选用株型高大疏朗、个体生长优势强、后劲足、增产潜力大的品种；种植密度较大的棉区，则应选用植株相对矮小、株型比较紧凑、透光性好、结铃性强的早熟品种。

（五）根据种植习惯确定品种

不同的棉区都有各自的棉花种植习惯，这种习惯一般是很难改变的。对品种的要求也存在着习惯性选择问题。有的愿意种植大桃型品种，有的乐意种植多铃型品种，有的喜欢选用株型高大的品种，有的则喜爱株型紧凑的品种，根据种植习惯选用品种，容易获得高产。

（六）根据产量目标确定品种

单产目标高的棉农，应当选用早发不早衰、长势较旺、耐肥性强、增产潜力大的品种；单产目标稍低的棉农，可以选用长势稳健、株型紧凑、结铃集中的稳产型品种。

二、棉花超高产栽培的主要品种

（一）金农棉 2 号

金农棉 2 号是湖南农业大学棉花研究所选育的杂交抗虫棉组合。该品种全生育期 132 天，中熟，株型呈塔形，紧凑，株高 120 厘米左右，果枝与主茎夹角多为 45°，果节密而多，生长稳健，耐肥，耐高温，苞叶较长，结铃性强。茎秆坚硬，抗倒伏，高抗枯萎病，耐黄萎病。苗期易抓早发，出苗整齐，苗势健壮，苗期发育好，易搭丰产架。中期生长稳健，单株结铃性强，铃形中等偏大，吐絮畅，中部铃单铃重 5.6 克。后期劲足不早衰，早秋桃多，丰产潜力大。纤维综合品质较好，2.5% 跨长 32.3 毫米，整齐度为 86.01%，比强度为 29.9 cN/tex（HVICC 校准），马克隆值为 4.2～4.9。适宜在肥水条件较好的棉区种植。

（二）楚杂 180

楚杂 180 是湖北荆楚种业棉花研究所选育的高产杂交抗虫棉组合。该品种生育期 137 天，中熟，株型高大疏朗，塔型，株高1.3 米左右，茎秆较硬，有稀绒毛，叶片中等偏大，叶色稍淡。结铃较为集中，吐絮畅，朵瓣大，好捡花，铃卵圆形，铃较大，中部棉铃单铃重可达 6 克以上，大样衣分 40.1%，籽指 11.2克。抗枯萎病，耐黄萎病，对棉铃虫和红铃虫有较强的抗性。适宜在肥水条件比较好的平原洲地棉区和水改旱棉田种植。

（三）中棉所 48

中棉所 48 是中国农业科学院棉花研究所选育的大铃型抗虫杂交棉组合。该品种生育期 131 天左右，中熟，株型稍松散，塔型，通风透光较好，叶片稍大，叶色深绿，出苗好，长势健壮，结铃性强，铃卵圆形，单铃重可达 6.5 克以上，衣分 39%左右，吐絮畅且集中，絮色洁白，纤维品质优，HVICC 校准长度约31.5 毫米，比强度 34.17 cN/tex（HVICC 校准），马克隆值 4.8，高抗枯萎病，耐黄萎病，对棉铃虫和红铃虫有较强的抗性。适宜在肥水条件比较好的洲地棉区和水改旱棉田种植。

（四）慈抗杂 3 号

慈抗杂 3 号是浙江省慈溪市棉花科学研究所选育的抗虫、抗病、高产、优质的杂交棉组合。该品种全生育期 126 天左右，霜前花比例高，属早熟类型品种，前、中期长势强，后期长势稍弱；株型结构合理，植株高度适中，株型紧凑呈塔形，茎秆粗壮，茸毛多，整齐度好，果枝节间匀称，叶片中等大小，叶片空间排布合理，叶层清晰，冠层结构优良，通风透光条件好，群体光能利用率高；结铃性强，综合性状表现比较突出，成铃速度快，棉铃分布均匀，单株生产力高，丰产潜力大，棉铃卵圆形，有尖嘴，棉铃较大，单铃重 5.5 克左右，铃壳薄，吐絮畅，衣分高，大样衣分一般可达 42% 左右；抗逆性强，抗枯萎病，耐黄萎病，高温结铃性能较好，对棉铃虫和红铃虫有较好的抗性；纤维品质优，皮棉色泽好，2.5% 跨长 28.8 毫米，整齐度 47.4%，比强度 29.15 cN/tex，马克隆值 4.4。

（五）先杂棉 1 号

先杂棉 1 号是江西省种子公司选育的集大铃、高产、优质、抗病于一体的杂交抗虫棉组合。2006 年 3 月通过江西省品种审定。该品种全生育期 127 天左右，中熟偏早，株型呈塔形，植株高大疏朗，通透性好，烂铃少，茎秆坚硬，抗倒伏，高抗枯萎病，耐黄萎病。苗期易抓早发，出苗整齐，苗势健壮，苗期发育好，易搭丰产架。中期生长稳健，单株结铃性强，铃卵圆形，铃大壳薄，吐絮畅，平均单铃重 5.5 克，中部铃单铃重可达 6.2 克，衣分 43.1%，籽指 9.9 克，衣指 7.4 克。后期劲足不早衰，早秋桃多，丰产潜力大。纤维综合品质较好，平均纤维长度为 29.2 毫米，整齐度为 84.1%，比强度为 29 cN/tex（HVICC 校准），伸长率为 6.9%，马克隆值为 4.8～5，反射率为 76.8%，黄度为 8.4%，纺纱均匀性指数为 132.4。适宜在肥水条件比较好的棉田（地）种植。

（六）泗抗 3 号

泗抗 3 号是江苏省泗阳棉花原种场选育的集高产、优质、抗病虫、适应性广于一体的杂交棉组合，2003 年 3 月通过江西省品种审定委员会审定。该品种全生育期 128 天左右，霜前花率可达 80% 以上，属早熟类型品种；株型结构合理，株高 110 厘米左右，株型疏朗呈塔形，果枝节间匀称，叶片中等大小，叶面折褶明显，叶姿挺，向光性强，叶片空间排布合理，叶色较淡，叶层清晰，冠层结构优良，通风透光条件好，群体光能利用率高；结铃性强，综合丰产性协调，成铃速度快，单株生产力高，丰产潜力大，单铃重 5 克左右，铃壳薄，吐絮畅，衣分高，大样衣分一般可达 43％左右；抗逆性强，抗枯萎病，耐黄萎病，抗高温性能较好，对棉铃虫和红铃虫有较好的抗性；纤维品质优，皮棉色泽好，2.5％跨长 30.1毫米，整齐度 47.85％，比强度 30.6 cN/tex（HVICC 校准），马克隆值 4.6。

（七）湘杂棉 3 号

湘杂棉 3 号是湖南省棉花研究所选育的高产、优质杂交抗虫棉组合。该品种全生育期 126 天，中熟偏早，株型疏朗呈塔形，株高 125 厘米左右，叶片大小适中，叶色深绿。前期发育快，易搭丰产架，后劲足，抗逆性强，不早衰，单株结铃性强。铃卵圆形，铃壳薄，吐絮畅，易采摘，中部铃单铃重 5.8 克。衣分41％左右，绒长 30 毫米，比强度 28.9 cN/tex（HVICC 校准），马克隆值 4.6，对棉铃虫和红铃虫有较好的抗性，苗期抗病性稍弱。适宜在肥水条件较好的棉区种植。

（八）赣棉杂 1 号

赣棉杂 1 号是江西省棉花研究所选育的高产、优质杂交抗虫棉新组合。2004 年 3 月通过江西省品种审定委员会审定。全生育期 130 天左右，中熟，棉株中等偏高，株高 125 厘米左右，株型塔型，较松散，单株结铃性强，上桃快而集中，成铃分布均匀，桃大卵圆形，单铃重 5.5 克左右，大样衣分 43％，吐絮畅，色泽白，朵瓣大，好捡花，籽指 10.3 克，衣指 8.2 克。纤维品质优，2.5％跨长 30.5 毫米，整齐度 85％，比强度 31.9 cN/tex（HVICC 校准），马克隆值 4.4。抗枯萎病，耐黄萎病，对棉铃虫和红铃虫有较强的抗性。是当前棉花超高产栽培比较理想的品种。

（九）三杂棉 4 号

三杂棉 4 号是湖北省三湖农场农业科学研究所选育的杂交抗虫棉组合，2005 年 3 月通过江西省品种审定委员会审定。生育期 132 天，中熟，出苗整齐健壮，株高 130 厘米左右，株型高大疏朗，果枝层次清晰，呈塔型，茎秆粗壮、坚硬，抗倒伏性能好，叶片中等偏大，叶色青绿。前期生长稳健，中期生长旺盛，后期不易早衰。棉铃呈卵圆形，单铃重达 5.3 克，中部棉铃可达 6.4 克，衣分 43.6%，籽指 10.7 克，衣指 8.1 克，铃壳薄，吐絮畅，好捡花。纤维品质好，洁白有丝光，2.5% 跨长 30.3 毫米，比强度 31.1 cN/tex（HVICC 校准），整齐度 85%，马克隆值 4.5。对棉铃虫和红铃虫有较强的抗性，高抗枯萎病，耐黄萎病，耐高温性能好，对洲地和丘陵棉区都有较强的适应性，在水肥条件较好的棉区种植更易获得高产。

第七章

棉花超高产的产量、群体结构及关键栽培技术

第一节　棉花超高产栽培的产量结构

棉花的生物学产量是棉花高产的物质基础。所谓生物学产量就是指棉花进行光合作用形成积累干物质的总和。但是我们栽培棉花的主要目的是收获籽棉（或皮棉），也称作经济产量。经济产量与生物学产量之间的关系，存在着一个光合产物的分配利用问题，也就是经济系数问题。从生物学角度看，棉花产量就是分配给经济产量形成的干物质总重量，从广义上说，棉花的产量结构是由生物学产量和经济系数所构成。

一、棉花的产量构成因素

从生产角度看，棉花的皮棉产量是由每亩总铃数（个）、铃重（克）、衣分（％）三个因素所构成。每亩总铃数又由每亩株数和单株成铃数二个因素构成。其关系式为：

皮棉产量＝每亩株数×单株成铃数×铃重×衣分

＝每亩总铃数×铃重×衣分

在三个产量构成因素中，总铃数的变幅是最大的，根据表1－3分析，50个水平等级样本总铃数的极差达到了4.12万个，占样本平均值的 62.7％，标准差为 1.024，变异系数达15.65％。它是棉花产量构成的主导因素。每亩总铃数是每亩株

数与单株结铃数的乘积，常因每亩株数和单株结铃数的变化而增减，两者存在着对立统一的关系，一般每亩株数少，单株结铃数相对增多；每亩株数多，则单株结铃数相对减少。这是个体与群体之间矛盾的反映，可以通过合理密植、控制肥水等措施实现矛盾的统一，找出两者交叉点，从而获得最高的总铃数。

铃重的变幅也比较大，表1-3分析表明，20个水平等级样本总铃数的极差达到了2.07克，占样本平均值的36.8%，标准差为0.573，变异系数达10.2%。可见铃重对棉花的产量是有重大影响的。通常在生产中，单铃重在6克以上为大铃，单铃重5～6克的为中铃，5克以下的为小铃。铃重的大小除受品种遗传性影响外，不同的结铃部位和不同的结铃时间对铃重均有很大影响，同时光、温、肥、水等外部环境对铃重也有重大影响。

在三个产量构成因素中，对棉花产量影响最小的是衣分。表1-3中，20个水平等级样本总铃数的极差仅为7.74%，占样本平均值的18.95%，标准差为2.24，变异系数为5.48%。衣分的高低主要受品种遗传性影响，受环境因素的影响较小，同一品种的衣分相对比较稳定，选用高衣分品种是提高衣分的重要手段。

二、影响产量构成因素的外部环境

（一）总铃数的变化

在采用良种的前提下，影响总铃数变化的主要环境因素有三个：

1. 地力和施肥水平　正常情况下，每亩总铃数与地力和施肥水平呈正相关。在实际生产中，棉花产量高低的差距主要是地力和施肥量的差异所致。通常在低肥力的棉田里，随着施肥量的增加，亩成铃数几乎成倍增长，单铃重也显著增长，衣分则没有明显差异；在中等肥力棉田里，增施肥料对产量构成因素影响的趋势与低肥棉田基本一致，但效果没有低肥田显著。这说明低肥力棉田增产的根本措施在于增施肥料。

2. 水利条件 在缺水地区，灌溉的与不灌溉的亩成铃数相差很大，铃重和衣分也有显著差异。当棉花缺水时，会影响体内的正常生理代谢，蕾铃脱落也会明显加重。同时，还会造成棉花早衰。从而致使棉花的有效结铃期大幅缩短，结铃强度显著降低，成铃总数成倍减少。

3. 种植密度和株行距的配置 因为亩总铃数是每亩株数和单株成铃数的乘积，当亩总铃数因密植而增多的效果大于单株铃数因密植而减少和铃重因密植而下降的损失时，就表现增产。这就是合理密度能增产的原因所在。在同一密度下，不同的株行距配置对每亩的总铃数也有较大影响，因为株行距配置合理时，棉田的通风透光条件可以得到显著改善，棉株的光能利用率也会得到有效的提高，个体与群体之间的矛盾相对协调，棉株的结铃性会相对提高。

（二）铃重的变化

影响铃重变化的主要环境因素有温度、有机养料供应和肥水条件等。

1. 温度 棉铃的发育和纤维的合成对温度都有一定的要求，纤维的伸长需要日平均气温不低于 16 ℃，纤维充实期需要的日平均气温不低于 20 ℃，最适温度为 25～30 ℃。棉铃由开花到吐絮，大约需要活动积温 1 350 ℃左右。在光照和水肥条件基本满足的情况下，铃重有随着有效积温减少而减轻的规律。棉花结铃期间的气温变化，一般先是由低到高，而后又由高到低，因此早期的棉铃稍轻，中期最高，后期的最轻，特别是秋后气温下降阶段所结的棉铃，铃重有随着开花时间推迟而减轻的趋势。

温度对铃重影响的另一方面，是铃壳占带壳铃重的比例，当温度较高时，铃壳里的碳、氮物质才能较快地转化并运向种子和纤维，而当温度较低时，转化速度减慢，只能存留在铃壳里，导致铃壳增重、籽棉减轻的现象。一般早发的棉花开花结铃比较早，多数棉铃在适宜的温度条件下形成，通常铃壳比较轻，开花时间越迟的棉铃，铃壳越重，占带壳铃重的百分率也越高。

2. 有机养料的供应　有机养料的供应是否充足，直接关系到棉花铃重的变化。不同果枝部位和同一果枝的不同节位铃重的差异，就是有机养料供应差别的反映。一般就果枝而言，中下部果枝的铃重最高；就果节而言，内围果节的铃重高于外部果节。这种差异单用温度的影响是难于解释的，而是与有机养料供应状况有关。中部果枝的铃重大，除了温度条件适宜外，这是棉株光合作用最旺盛的阶段。内围果节上的铃重大，除了同位果枝叶供应有机养料外，还有主茎叶片供应，且因不同日龄的棉铃对光合产物吸取力，一般都是大铃强于小铃，同果枝上的棉铃，总是内围大于外围，因此，内围棉铃的铃重必然比外围高，这就是中下部果枝和内围果节能多结铃的依据。

3. 肥水条件　合理的施肥和科学的灌溉，对提高棉花的单铃重都有重大作用。在肥水充足的条件下，棉株生长旺盛，个体发育良好，群体结构大，光合生产能力强，光合物质积累多，高产的物质基础扎实，通常铃重较大；相反，在肥水条件较差的情况下，棉株迟发、早衰，个体发育不良，群体发展不快，光合生产能力弱，不仅总铃数少，而且铃重也轻，这通常是低产棉田的结症。

（三）衣分的变化

衣分的高低主要取决于品种的遗传特性，一般栽培品种的衣分在36%～42%之间，大面积推广的优良品种的衣分通常都在38%以上，个别高衣分品种可达到45%左右。

环境因素对衣分的影响相对较小，在肥水充足的前提下，外界条件对衣分的影响仍以温度为主。由于种子发育和纤维形成对温度的要求不尽相同，在不同的温度条件下，种子和纤维的变化也就存在着差别，结果导致衣分的差异。

通常情况下，棉籽发育的临界温度要比纤维形成的临界温度要低，当气温较高都能满足棉籽和纤维形成的需要时，一般籽指和衣指的变化趋势基本一致；当气温偏低时，衣指增长速度比籽指慢，所以晚开花的棉铃纤维增重的速度要比棉籽增重的速度慢，从而导致衣分下降。通常秋桃的衣分是随着开花时间的后移而呈逐渐下降的趋势。

在生产上，对高衣分品种的选择必须要作具体分析，一般与铃重一致的高衣分品种是符合超高产要求的，在选择高衣分品种的同时，一定着重考虑它的结铃性和铃重，只有三者都基本趋于一致，才达到了超高产栽培的品种要求。

三、超高产棉花最佳产量结构模式的建立

（一）建立最佳产量结构模式的原则

评价棉花产量结构是否合理，既要从高产的角度出发，又要从优质的角度考虑，既要考虑高效益，还要考虑低成本，既要考虑丰产性，还要考虑风险性。为此，在建立最佳产量结构模式时，务必注重以下几条基本原则：

1. 个体与群体之间的关系必须协调 个体与群体之间的关系，在生产中通常是矛盾的对立统一关系。关系协调与否，直接影响到棉花的产量结构变化。影响这种关系协调的因素来自多个方面：

（1）种植密度 当种植密度过大时，虽然比较容易发展较大的群体，但个体的发展空间却受到了限制，枝条伸展受限，枝叶重叠严重，个体发育不良，往往造成田间过早封行荫蔽现象，从

而加重蕾铃脱落；当种植密度过小时，虽然对棉株的个体发育有利，但群体发展往往不足，单株结铃数虽然较高，但总成铃数不够，通常因生物学产量偏低而影响经济产量的提高。适宜的种植密度是协调个体与群体之间矛盾的首要措施。确定适宜的种植密度，必须要考虑当地的土壤肥力、施肥水平、气候条件、生产基础以及品种特性等综合因素，不可千篇一律，更不可生搬硬套。

（2）肥水条件　当肥水过高时，个体生长过旺，在同等密度条件下，提早封行，个体与群体之间的矛盾尖锐激化，蕾铃脱落加重；当肥水不足时，个体发育不良，在同等密度条件下推迟封行甚至难于封行，个体与群体之间虽然没有矛盾，但现蕾开花少，因棉株营养不足而成铃数减少、铃重减轻。适宜的肥水管理是协调个体与群体之间矛盾的重要手段。

（3）品种特性　植株生长旺盛、株型高大松散的品种，个体与群体之间的矛盾容易激化，通常以适度稀植、化控、节制肥水等措施协调这对矛盾；植株生长势偏弱、株型矮小紧凑的品种，个体与群体之间的矛盾不易激化，通常可以适当加大密度和加强肥水管理等方法促进群体的发展。

2. 密度大小与株行距配置必须协调　在相同的种植密度条件下，不同的株行距配置方式，个体与群体的矛盾不一样，生物学产量不一样，经济系数不一样，产量构成因素的变化也不一样。在密度配置上，要注重两个因素：

（1）株行距的比例　根据江西省都昌县棉花生产办公室的棉花超高产种植密度试验结果，适宜的株行距比例是：平原洲地和水改旱棉区以 1：3.5～3.8 为宜，即株距 33～35 厘米，行距120～130 厘米；可灌溉旱地以 1：3～3.5 为宜，即株距 33～35厘米，行距 110～120 厘米；无灌溉条件的旱地以 1：3 为宜，即株距 33 厘米左右，行距 100 厘米左右。

（2）行向选择　东西行向棉田的透光条件比较好，但由于南北风向比较多，所以通风条件却相对差些；相反，南北行向棉田的通风条件比较好，但透光条件则相对差些。在南方棉区夏秋光照充足，常常达到棉花的光饱和点，而通风则成了主要矛盾，再加上夏秋多台风暴雨，南北行向的棉花株与株之间相互依靠和支持，不易倒伏，棉畦行向选择南北向比较科学。

3. 产量构成因素相互之间必须协调 产量构成因素之间的协调是保证棉花高产优质的前提。生产实践证明，总铃数主要是对产量的高低起作用，而铃重和衣分对产量的高低和品质的好坏都有影响。所以要实现高产、优质、高效，就要做到既争总铃数，又争铃重和衣分，一定要使总铃数、铃重、衣分三者相互协调，并且随着产量水平的提高，对协调的要求也越来越高。没有产量构成因素的协调，也就没有理想的高产、优质、低成本。一般要想实现150千克/亩皮棉单产目标，每亩总铃数必须达到8万，平均单铃重必须达到4.8～5克，衣分达到39％以上。

4. 生物学产量与经济系数必须协调 所谓生物学产量，就是棉花一生中吸收合成的物质，除去呼吸消耗后所剩余的干物质总重量。在实际工作中，很难把所有的根系都挖出来，通常用的生物学产量主要是指地上部分。在总干物质中，来自光合作用的约占90％～95％，根系和叶片吸收的矿质营养只占5％～10％。因此，从根本上来说，棉花生物学产量的高低，取决于棉株光合产物的多少。但生物学产量只是高产的基础，真正能否取得高产，还决定于经济系数的大小，也就是经济产量（籽棉）占生物学产量的比重。

可见，要提高经济产量，必须在努力增加生物学产量的同时，保持较高的经济系数。

据研究，对生物学产量影响最大的是叶面积系数，一般生物学产量是随叶面积系数的增加而增加；经济产量一般在叶面积系数3.5～4以下时，随生物学产量的增加而提高，当叶面积系数超过4时，反而会有所下降；经济系数在叶面积超过3.5时就开始下降，当超过4时下降更明显。

综合地看,当叶面积系数保持在 3.5~4 左右时,生物学产量与经济系数之间比较协调,籽棉单产最高。由此可见,一味地追求生物学产量或者一味地追求经济系数都是不可取的,只有在提高生物学产量的同时提高经济系数才是有意义的。

(二) 长江中下游超高产棉花的最佳产量结构

1. 平原洲地超高产棉花的最佳产量结构 平原洲地棉区土、肥、水条件优越,是实现棉花超高产栽培的理想棉区。根据平原洲地棉区的生态条件和生产基础,应选用苗期长势好,根系健壮、苗病轻、易保苗的大铃丰产型杂交抗虫棉品种。中等肥力田块每亩栽 1 600 株左右,单株成铃 50 个以上,平均单铃重 5.2 克以上,衣分 40% 左右。伏前桃(7 月 15 日前结的铃)、伏桃(7 月 15 日至 8 月 15 日之间结的铃)、早秋桃(8 月 15 日至 9 月 15 日结的铃)、晚秋桃(9 月 15 日以后结的铃)"四桃"比为 1∶4∶5∶2,主攻伏桃和早秋桃。

2. 水改旱棉区超高产棉花的最佳产量结构 水改旱棉区大多属 1990 年以后发展起来的高产棉区,水利条件好,土壤比较肥沃,是棉花超高产的优势棉区。根据水改旱棉区的生态条件和生产基础,应选用苗期易抓早发,根系健壮、抗病性强、后劲足的大铃丰产型杂交抗虫棉品种。中等肥力田块每亩栽 1 600~1 800 株左右,单株成铃 55 个左右,平均单铃重 5 克以上,衣分 40% 左右。伏前桃、伏桃、早秋桃、晚秋桃"四桃"比为 1∶3∶3∶1,在主攻伏桃和早秋桃的基础上,确保"四桃"齐结。

3. 丘陵红壤棉区超高产棉花的最佳产量结构 丘陵红壤棉区植棉历史悠久、经验丰富,是长江中下游棉区棉花生产的重要棉区,植棉面积占有较大比重。由于丘陵红壤的水利条件较差,土壤比较贫瘠,酸化板结比较严重,通常棉花产量偏低,植棉效益差。随着农田水利条件的逐渐改善,可灌溉旱地(水浇地)面积将会逐年增加。再加上棉花育种技术的快速提高，一批集早熟、高产、优质于一体的抗虫棉品种大面积应用于生产，为丘陵红壤棉区棉花超高产栽培创造了有利条件。根据丘陵红壤棉区的生态条件和生产基础，应选用苗期易抓早发，株型紧凑，根系健壮、主根发达，抗旱性强、大铃丰产的早熟型杂交抗虫棉品种，中等肥力田块每亩栽种 1 800～2 200 株左右，单株成铃 35～40 个，平均单铃重 4.8 克以上，衣分 40％左右。伏前桃、伏桃、早秋桃、晚秋桃"四桃"比为 1：2：1：0.5，采取"抓密抢早"技术措施，在主攻伏前桃和伏桃的基础上，争结早秋桃，力争"三桃"齐结。

第二节　棉花超高产栽培的群体结构

棉花群体结构的基础是种植密度。在棉花生产中合理密植是一项行之有效的增产技术，也是提高棉花光能利用率的重要途径。合理密植技术在其他栽培技术措施的配合下，能较好地协调棉株生长发育与环境条件的关系、营养生长与生殖生长的关系、个体发育与群体发展的关系，从而建立一个全生长期较为合理的动态群体结构，达到充分利用光能和地力的目的，奠定棉花超高产的物质基础。

一、种植密度与叶面积系数的关系

密度是群体结构的基础，而叶面积大小则是群体结构的实质。密度与叶面积系数的动态变化关系非常密切，密度越大，前期叶面积扩展越快，至盛花期，不同密度的叶面积系数的差别方才缩小。据山东省棉花研究所（1978）研究，在相同的肥水条件下，棉花的单株叶面积与种植密度呈负相关，而群体叶面积则与密度呈正相关，盛花期后差别逐渐缩小（表7-1）。

表7-1 不同密度单株和群体叶面积调查表

种植密度	6月11日		7月3日		7月20日		8月15日	
	单株叶面积（厘米²）	叶面积系数	单株叶面积（厘米²）	叶面积系数	单株叶面积（厘米²）	叶面积系数	单株叶面积（厘米²）	叶面积系数
2 000	781.6	0.23	3 902.5	1.17	7 138.0	2.14	7 862.3	2.36
3 000	720.0	0.32	2 839.1	1.28	6 036.1	2.72	5 703.9	2.57
4 000	673.0	0.40	2 582.2	1.55	5 113.0	3.07	4 168.6	1.62

种植密度高的棉花，群体叶面积增长比较快，早期具有较大的叶面积，从而能充分利用前期光能。但是，为了使最大叶面积出现期与生育进程及生育季节相配合，避免过早封行，前期叶面积也不宜扩大过快。因此，种植密度不宜过大。当然，种植密度也不宜太稀，否则，会造成前期叶面积扩展过慢，影响群体光合效能。

二、群体叶面积与光能利用的关系

群体叶面积的大小与光能利用率高低关系十分密切。据山东省棉花研究所研究，在各种密度的不同生育时期，干物质积累的动态变化与叶面积的动态变化趋势基本一致，即密度越大，前期叶面积系数越高，干物质积累的速度也越快，到生育后期，不同密度的叶面积系数和干物质重才逐渐接近（表7-2）。

表7-2 不同密度单株和群体干物质重调查表

单位：克、千克

种植密度	6月11日		7月3日		7月20日		8月15日	
	单株干物质重	每亩干物质重	单株干物质重	每亩干物质重	单株干物质重	每亩干物质重	单株干物质重	每亩干物质重
2 000	9.9	19.8	68.8	137.7	128.3	256.7	239.4	478.8
3 000	9.4	28.4	56.3	169.0	117.5	352.4	179.5	538.6
4 000	7.4	34.8	48.1	192.5	96.1	384.4	138.9	555.4

光合生产率高的棉田，经济产量不一定高，因为还有一个光合产物的分配是否合理的问题。光合产物的分配和经济产量的关系非常密切，在生产上都希望有较大的经济系数，即在提高棉花生物学产量的基础上，尽量使有机养料多供应给棉铃的发育。总之，在生产上，一定要同步提高和协调群体光合面积、光合生产能力和光合产物的合理分配，才能实现棉花的高产稳产。

三、株行距配置与光能利用的关系

实行株行距的合理配置，是棉花合理密植的重要内容。合理配置株行距，就是要使棉株在田间的分布更合理，既能充分利用地力和光能，又能保持较好的通风透光条件，提高净光合生产效率，使个体与群体协调发展，有利于干物质的积累，也便于田间操作管理。

适当缩小行距，有利于群体对光能的截取。一般行距越窄的棉花，越能充分利用光能，尤其是早期的光能，通常棉花产量的高低，与群体光能截取率密切相关，但是也不是越窄越好，行距过窄，往往不利于光能合理分布，加重封行期群体中下部的荫蔽；适当拉宽行距，可以有效推迟棉花的封行期，有利于群体光能的合理分布，但是行距也不可过宽，否则不利于充分截取光能，通常棉花产量的高低受封行期群体光能分布的影响也很大。因此，株行距的配置必须科学合理，尤其是行距的宽窄要因地制宜，不能过宽或过窄。

近年来的高产试验示范表明，在南方棉区实行"宽行窄株"的等行距密度配置方式，比较有利于棉花高产。这种配置方式，能通过适当加宽行距来推迟棉田封行期，有利于棉花中后期通风透光；又能通过缩小株距来保证密度。

株行距配置方式的确定，应遵循因地制宜的原则。通常长江中下游棉区肥水条件比较好的棉田，株行距的比例可适当加大，以 1：3.5～3.8 为宜，一般可以推行 1.2～1.3 米行距；对于肥水条件稍差的棉田，株行距的比例应适当缩小，以 1：3～3.2 为宜，一般行距可以保持在 1～1.2 米之间。

四、棉畦方向与光能利用的关系

棉畦方向也就是指棉花的行向。棉畦方向与光能利用率也存在着一定关系。

东西行向的棉花，透光条件比南北行向要好，东西行向的棉花群体光能分布比较合理，棉株中下部受光条件有明显改善；而南北行向的棉花行与行之间遮光现象相对严重，透光条件也相对差些，群体光能分布不如东西行向的合理，中下部叶片荫蔽现象也会相对加重。由此可见，东西行向的棉花光能利用率会明显高于南北行向的棉花。

南北行向的棉花虽然透光条件相对差些，但是通风条件却比东西行向的棉花好得多。南方棉区棉花封行期一般都在 7 月上中旬，封行期以后的光照强度都比较大，一般晴天正常的光照强度都在 7 万勒克斯以上，此时的光照已不是主要矛盾，而主要矛盾则是棉田的通风条件。棉花进入封行期后，自然风向多为南北风，采用南北行向的棉田通风条件具有明显优势，净光合生产能力也会随之增强，中下部烂铃也会明显减少。再加上 8～9 月份南方棉区易遭台风侵害，常造成棉花严重倒伏，台风的风向多为南北风向，可见采用南北行向的棉田抗倒伏能力明显比东西行向强，生产实际也证明，采用南北行向的棉田遇台风后倒伏程度明显减轻。

因此，在长江中下游棉区，棉花超高产栽培应采用南北行向，整田时应采用南北方向作畦。

五、超高产棉花群体结构的建立

为了协调个体与群体之间的矛盾，充分发挥群体的光合生产能力，在实际生产中必须要建立一个较为合理的群体结构。要综合考虑各种因素，根据当地的气候条件、土壤类型、施肥水平、水利条件以及所选用品种的特性等来确定棉花的种植密度。棉花种植密度的大小是相对的，合理密植的范围也不是固定不变的，必须根据客观条件的变化而加以调整。

（一）根据气候条件确定种植密度

从全国各主产棉区的棉花种密度情况来看，新疆棉区种植密度最大，一般密度都在 10 000～15 000 株/亩；其次为黄河流域棉区，一般种植密度大多在 3 000～4 000 株/亩；长江流域棉区的种植密度最稀，一般在 2 000 株/亩以下。三个不同气候生态类型的棉区，棉花种植的密度差异非常大。一般规律是，无霜期短、积温少、气候干旱、雨量少、日照充足的棉区，棉株的个体发育受到了局限，种植密度宜适当提高，密植方式以窄行小株为宜。相反，无霜期长、积温多、气候湿润、雨量充沛的棉区，棉株的个体通常发棵较大，种植密度宜适当降低，以宽行稀植为宜。

长江中下游棉区棉花的适宜种植密度以 1 600～1 800 株/亩左右为宜。

（二）根据土壤类型确定种植密度

土质肥沃的棉田，易使棉株枝繁叶茂，单株所占空间大，有时徒长现象也比较严重，这种棉田宜适度稀植；土质比较瘠薄的棉地，棉株生长弱，个体发棵小，这类棉田应适度密植。长江中下游棉区棉田主要土壤类型有平原洲地、水改旱棉田和丘陵红壤旱地三种类型，各种类型的适宜种植密度如下：

一类是平原洲地，这一类型棉地土质疏松肥沃，有机质含量高，土层深厚，通常棉株个体发育茂盛，植株高大松散，种植密度以 1 500 株/亩左右为宜。

二类是水改旱棉田，这类棉田多为水稻土，土壤比较肥沃，有机质含量比较高，pH 适中，对棉株的个体发育比较有利，通常棉株生长比较高大松散，种植密度以 1 600～1 800 株/亩为宜。

三类是丘陵红壤旱地，土质相对比较贫瘠，有机质含量低，酸化板结比较严重，棉株个体发育相对较差，棉株个体通常比较矮小，种植密度以 1 800～2 200 株/亩为宜。

（三）根据施肥水平确定种植密度

同样肥力的棉田，施肥量不同，尤其是施氮量不同，棉花的种植密度也应该有所区别。施氮量较高的棉田，种植密度以相对低一些为宜；施氮量较低的棉田，种植密度稍微高一些为好。生产上应遵循"以密定肥"和"因肥定密"的原则，使密、肥两者互相协调，以取得棉花高产、优质、低成本的最佳经济效益。

一般每亩纯氮施用量在 20 千克以下的，种植密度应在 2 000 株/亩左右为宜，亩施氮量在 25 千克左右的，种植密度以 1 800 株/亩左右为宜，亩施氮量在 30 千克以上的，种植密度应该在 1 500 株/亩左右为宜。

（四）根据水利条件确定种植密度

棉花在生长发育过程中，对水的需求量很大，特别是在花铃期后，随着叶面积的不断增加，棉花群体结构不断增大，再加上此时气温逐渐升高，棉田水分的土面蒸发量和棉株叶面的蒸腾量都会明显增加。一旦水分供应不足，棉株的个体生长发育就会受到很大影响。在干旱的条件下，棉花株型矮小，易早衰，个体发育不良；在棉田灌溉有保障的棉区，通常棉花个体发育良好，株型比较高大，群体结构发展较快。因此，水利条件好的棉田，种植密度应适当偏稀，水利条件较差的棉地，种植密度应适当增密。

一般平原洲地和水改旱棉区的棉田灌溉问题基本解决，水利条件比较好，抗旱有保障。棉花的种植密度可确定在 1 500～1 600 株/亩；有一定灌溉条件，但抗旱没有绝对把握的高位棉田和部分可灌旱地，种植密度宜适当加大，一般种植密度可确定在 1 800 株/亩左右；对于一些完全没有灌溉条件的"望天丘"棉田，种植密度应保证在 2 000 株/亩以上，以"抓密抢早"等措施主攻伏前桃和伏桃。

（五）根据品种特性确定种植密度

株型紧凑的早熟品种，一般叶片比较小，节间比较密，果枝比较短，植株也比较矮小，单株所占空间相对较小。这类品种的透光率比较高，但叶面积系数常偏低，适当提高种植密度可以有效地弥补叶面积的不足，显著提高经济产量。因此，对于株型紧凑的早熟品种，其种植密度应适当提高。在株行距的配置上，应适当缩小行距，降低株行距的比例。

株型较为松散的中、晚熟品种，一般叶片比较大，节间比较稀，果枝比较长，植株也比较高大，单株所占空间相对较大，前期叶面积发展较快。这类品种的透光率通常都比较低，若种植密度过大，会导致棉株中、下部荫蔽严重。因此，对于株型松散的中、迟熟品种，其种植密度应适当降低。在株行距的配置上，应适当扩大行距，加大株行距的比例。

第三节　超高产棉花的配方施肥

一、超高产棉花需肥种类及数量

施肥是调节土壤养分供应和改善棉株营养状况的主要手段之一，按照棉花各生育时期的需肥规律进行施肥，对实现棉花超高产具有重要作用。为了满足棉花生长发育对养分的需要，必须掌握好施肥的种类、数量、时间和方法。

（一）棉花超高产栽培需要的肥料种类

棉花生长发育需要多种营养元素，尤其是对氮、磷、钾三种元素的需求量比较大，南方土壤缺硼现象比较严重，施硼的增产效果十分显著。这四种元素通常是南方棉区的主要肥料元素。南方棉区常用的肥料种类如下：

1. 有机肥　棉田常用的种类有菜籽饼肥、棉籽饼肥、猪牛栏粪、土杂肥等。

2. 氮肥　棉田使用最多的是尿素，其次为碳酸氢铵。

3. 磷肥　南方棉区使用最多的是钙镁磷肥，过磷酸钙使用较少，但有不少棉农习惯使用 N、P、K 含量 25% 的复混肥作蕾肥施用，而这种复混肥的磷素原料均为过磷酸钙，实际过磷酸钙的施用量比较大。

4. 钾肥　棉田使用最多的是氯化钾，硫酸钾施用很少。

5. 复合（混）肥　使用的主要种类有两种，一种是 N、P、K 含量 45% 复混肥（N 15%、P_2O_5 15%、K_2O 15%），另一种是 25% 的复混肥（N 9%、P_2O_5 7%、K_2O 9%）。

6. 硼肥　常用硼肥的主要种类有硼酸（含量 17%，易溶于水）、硼砂（含量 11%，溶于 50 ℃以上的温水）、硼泥（工业残渣，含量 0.2%～2%）。

（二）超高产棉花合理施肥量计算方法

棉花合理施肥量的计算，可以根据目标产量、土壤当季供肥量和肥料当季利用率来求得。

1. 根据田间肥效试验数据计算

$$施肥量 = \frac{目标产量养分需要量 - 当季土壤养分供应量}{肥料的有效含量 \times 肥料当季利用率}$$

其中：

① 目标产量养分需要量＝目标产量×单位产量养分需要量。

② 当季土壤养分供应量＝无肥区产量×单位产量养分需要量。

③ 肥料当季利用率＝（施肥区积累的养分－无肥区积累的养分）÷肥料养分施用量。

④ 单位产量养分需要量：一般可按每生产 100 千克皮棉需从土壤中吸收氮素（N）14 千克、磷素（P_2O_5）5.5 千克、钾素（K_2O）13.5 千克的标准计算。

2. 根据土壤测试结果及经验系数计算

$$施肥量＝目标产量×单位产量养分需要量$$
$$（1－土壤贡献率－有机肥当季利用率）$$
$$÷肥料当季利用率×养分丰缺调整系数$$

其中：

（1）目标产量 坚持以土定产、以产定肥、因缺补缺的原则，目标产量可比往年正常产量提高 10%～15%左右。

（2）单位产量养分需要量 每生产 100 千克皮棉需从土壤中吸收氮素（N）14 千克、磷素（P_2O_5）5.5 千克、钾素（K_2O）13.5 千克。

（3）土壤贡献率 通过资料分析，长江流域棉区可按氮 50%、磷 80%、钾 55%估算，一般可根据肥地略高、瘦地略低的原则掌握。

（4）有机肥当季利用率 棉田有机肥通常以菜籽饼肥为主，一般高产棉田平均亩施 50 千克左右，菜籽饼肥的含氮量为 5.25%，含磷量为 0.8%、含钾量为 1.0%，当季利用率比较高，通常可以按照氮 7%、磷 2%、钾 3%的贡献率估算，一般有机肥施用多的棉田可以略高，有机肥施用较少的略低。

（5）肥料当季利用率 一般可按氮肥 35%、磷肥 20%、钾肥 60%计算。

（6）养分丰缺调整系数　一般把土壤划分为 5 个等级，养分丰缺调整系数分别为：极丰富 0.8、丰富 0.9、中量 1.0、缺乏1.1、极缺乏 1.2。

（7）土壤有效养分丰缺指标　土壤有效养分丰缺指标应根据不同的作物、不同的土壤类型和不同的土样检测方法分别建立，江西省农业厅土壤肥料工作站针对测土配方施肥工作，于 2005年建立了江西省土壤有效养分丰缺指标（表 7-3）。

表 7-3　土壤有效养分丰缺指标参考表

养分等级	丰缺状况	碱解氮（毫克/千克）	速效磷（毫克/千克）	速效钾（毫克/千克）	调整系数
一级	极丰富	>200	>35	>200	0.8
二级	丰富	150～200	20～35	120～200	0.9
三级	中量	100～150	10～20	80～120	1.0
四级	缺乏	50～100	5～10	40～80	1.1
五级	极缺乏	<50	<5	<40	1.2

二、常见主要肥料特性及最佳施用方法

（一）化肥

1. 尿素　属酰胺态氮肥，分子式为：$CO(NH_2)_2$，含氮量为 46%，为白色颗粒状结晶。尿素易溶于水，水溶液呈中性，吸湿性不强，一般不易结块。在常温下较为稳定，基本不分解，当温度超过 135 ℃时，尿素分解生成缩二脲，并释放出氨气。尿素属有机氮肥，不能直接被作物吸收利用，只有在土壤微生物的作用下，分解转化成碳酸铵后，方可被作物利用。尿素在土壤中的转化时间，与温度、水分及土壤质地有关，一般春季一周左右

分解达到高峰，夏季只要 2～3 天。

　　尿素对棉花具有良好的增产效果，适宜于各种土壤，一般可作基肥、追肥和叶面肥。中等肥力棉田亩用量在 50 千克左右。作叶面喷肥时，其适宜的浓度为 1％。

　　尿素的施用方法：可以埋施或撒施，一般棉花前期埋施 1～2 次（6 月上中旬的蕾肥、7 月上中旬的花铃肥），中后期一般是结合灌溉进行撒施。一般埋施的利用率较高，可以达 70％左右，而撒施的利用率通常只有 30％左右。

　　尿素在土壤中的损失途径有三个：一是淋洗流失，二是转化成碳酸铵后直接挥发，三是反硝化作用变成氨气挥发。尿素深施可以较好地克服这些问题，以达到提高利用率的效果。

　　2. 碳酸氢铵　也叫碳铵，其分子式为 NH_4HCO_3，白色粉末状结晶，含氮量 16.5％～17.5％，易溶于水，水溶液呈弱碱性，pH 8.2～8.4，易吸湿潮解，吸湿后易结块，在常温常压下比较稳定，但在空气湿度大、气温高时，易分解成氨气挥发，导致氮素大量损失。因此，碳铵贮存时要保持低湿干燥，严密包装，即开即施。碳铵施入土壤后，分解生成铵离子和碳酸氢根离子，铵离子直接被作物吸收，碳酸氢根离子可作为碳源被作物利用。

　　碳铵在棉花生产上，可作基肥或追肥，不可作种肥和叶面肥。在生产上，无论是作基肥或追肥，都应进行深施，以提高肥效。在棉花生产上，碳铵进行埋施的，其利用率可达 40％～50％，撒施的碳铵利用率不到 20％。

　　3. 钙镁磷肥　属枸溶性磷肥，也叫弱酸溶性磷肥。其主要成分为 $Ca_3(PO_4)_2$，含磷（P_2O_5）12％～14％，黑绿色或棕色粉末，pH 8～8.5，呈碱性，不溶于水，不吸潮，不结块，无腐蚀性，便于包装和贮运。钙镁磷肥施入土壤后，移动性很小，在酸性条件下（pH 6.5 以下时），可逐渐转化为易溶性磷酸盐，通常在作物根系及微生物分泌的酸的作用下，磷素溶解，供作物吸收利用。钙镁磷肥宜作基肥施用，用量因土壤缺磷程度而定，一般棉田每季施用量在 40～50 千克/亩。

钙镁磷肥是所有化学肥料中利用率最低的，当季作物一般只能利用 10％～25％。利用率的高低与施用方法具有密切关系，科学的施用方法可以有效提高磷肥的利用率。

第一，作种肥和基肥。从棉花不同生育期来看，磷素营养临界期一般都在早期，棉花在二至三叶期，如施足种肥，就可以满足这一时期对磷的需求，否则，磷素营养在磷素营养临界期供应不足。在盛蕾期后，对磷的需要量很大，但此时根系发达，吸磷能力强，一般可利用基肥中的磷。因此，在条件允许时，1/3 做种肥，2/3 做基肥，是最适宜的磷肥分配方案。

第二，推行集中深施。由于磷肥在土壤中移动性小且易被固定，在施用磷肥时，必须减少与土壤的接触面积，增加与根系的接触机会，以提高磷肥的利用率。磷肥的集中施用，既减少与土壤的接触面积而减少固定，同时还提高施肥点与根系土壤之间磷的浓度梯度，有利于磷的扩散，便于根系吸收。

第三，与有机肥料配合施用。有机肥料中的粗腐殖质能减少磷与铁、铝、钙的接触而减少固定；有机肥料在分解过程中会产生多种有机酸，这些有机酸与铁、铝、钙形成络合物，防止了铁、铝、钙对磷的固定，同时这些有机酸也有利于钙镁磷肥的溶解，还可络合原土壤中磷酸铁、磷酸铝、磷酸钙中的铁、铝、钙，提高土壤中有效磷的含量。

4. 过磷酸钙　过磷酸钙 $[Ca(H_2PO_4)_2 \cdot H_2O]$ 简称普钙，属水溶性磷肥，是用硫酸分解磷矿石将难溶性的磷酸钙盐转变成水溶性的磷酸钙盐而制成的，一般含磷（P_2O_5）14％左右，灰白色或浅灰色粉末，吸湿性强，易结块，因常含有一定量的硫酸、磷酸等游离酸，所以呈酸性。

过磷酸钙极易被土壤固定，移动性很小，施用时应尽可能地减少肥料与土壤的接触面，增加与根系的接触机会，以提高磷肥的有效性。

过磷酸钙可用作基肥，也可用作叶面喷肥，作为叶面喷肥的浓度以 1% 为宜，用作棉花基肥时，一般亩施用量在 40～50 千克。

过磷酸钙的施用方法与钙镁磷肥基本相同。应掌握集中施用、分层施用、结合有机肥施用的原则，以提高它的当季利用率。

5. 氯化钾　是最主要的钾肥品种，占全球钾肥总产量的 90% 以上。分子式为 KCl，化学性质为盐类，含钾（K_2O）量为 60%，易溶于水，颜色白色或淡黄色，也有略带红色的产品，有吸湿性，久贮会结块，属化学中性、生理酸性的速效性钾肥。

氯化钾可作基肥和追肥，一般不宜作种肥和叶面喷肥。据相关资料报道，氯化钾应用于棉花肥效好于硫酸钾，可以明显促进棉花的纤维增长。超高产棉花的每亩正常用量为 20～25 千克，在现蕾期和盛花期分两次埋施。

氯化钾施入土壤后，钾在土壤溶液中呈离子状态，一部分被棉花根系吸收，一部分被土壤胶体吸附，还有一部分随水而流失。通常棉花对氯化钾的当季利用率在 55%～60% 左右。

氯化钾和硫酸钾等生理酸性钾肥，在酸性土壤上长期施用，易引起土壤酸化板结。因此，对长期施用氯化钾的酸性棉田土壤，应适度施用石灰，中和土壤酸性，改良棉田土壤的理化性质。

（二）有机肥

1. 饼肥　也称油枯、枯饼，是油料作物种子榨油后剩下的残渣，是传统的优质农家肥。长江流域棉区主要的饼肥是油菜籽饼和棉籽饼。这两种饼肥都是棉花生产上优质的有机肥料，根据全国有机肥料分级标准，这两种饼肥均属一级，养分含量见表 7-4。

表7-4 油菜籽饼及棉籽饼（风干基）养分含量

单位:%、毫克/千克

种类	粗有机物	氮	磷	钾	钙	镁	铜	锌	锰	硼	钼
菜籽饼	73.8	5.25	0.8	1.04	0.8	0.48	8.39	86.7	72.5	14.6	0.65
棉籽饼	83.6	4.29	0.54	0.76	0.21	0.54	14.6	65.6	29.8	9.8	0.38

在棉花生产上，饼肥一般作当家肥（蕾肥）埋施，也有分两次埋施的，其方法是：埋蕾肥60%～70%，埋花铃肥30%～40%，一般每亩施用量都在50～60千克，超高产棉花要求达到75千克/亩。

饼肥的埋施方法：一般和磷、钾肥混合埋施，可以提高磷肥的利用率，埋施前应堆沤发酵2～3天，这样可以提高肥效，施入土壤后，也不会造成"烧根"现象。

2. 猪牛栏粪 也称厩肥，是猪牛粪尿与垫栏料（稻草）混合堆沤腐解而成的有机肥。养分含量丰富，富含有机质和多种营养元素。根据全国有机肥料分级标准，这两种厩肥均属三级，猪栏粪和牛栏粪养分含量见表7-5。

表7-5 猪牛栏粪（鲜）养分含量

单位:%、毫克/千克

种类	粗有机物	氮	磷	钾	钙	镁	铜	锌	锰	硼	钼
猪栏粪	16.99	0.38	0.16	0.30	0.78	0.20	11.7	35.6	196.7	4.34	0.25
牛栏粪	16.22	0.50	0.13	0.72	0.62	0.17	9.36	36.2	230.1	4.83	0.27

猪牛栏粪的施用方法：猪牛栏粪的腐熟程度，决定肥料的性质和养分含量，施用时应尽量进行堆沤腐熟，以提高肥效。在棉花生产上，未完全腐熟的猪牛栏粪一般可作基肥施用，腐熟了的猪牛栏粪可以在蕾期与磷、钾肥混合作当家肥进行埋施。超高产棉花的正常施用量在1 000～1 500千克/亩左右。

3. 人畜粪尿 人畜粪尿是人畜粪和人畜尿的混合物，分布广、数量大。南方棉区畜粪尿以猪粪尿为主。据调查，成人每年的粪尿排泄量在1200千克左右，一头猪从小到宰杀粪尿排泄量在2400千克左右。

人畜粪尿的养分含量较高，碳、氮比小，易腐熟，是粗肥中的细肥。人畜粪尿的养分含量见表7-6。

表7-6 人畜粪尿（鲜）养分含量

单位:%、毫克/千克

种类	粗有机物	氮	磷	钾	钙	镁	铜	锌	锰	硼	钼
人粪尿	4.80	0.64	0.11	0.19	0.25	0.07	4.99	21.24	46.05	0.70	0.33
猪粪尿	3.75	0.24	0.07	0.17	0.30	0.10	6.97	20.08	72.81	1.42	0.20

人畜粪尿属速效性肥料，在棉花生产上常用作提苗肥，一般在棉苗移栽成活后，亩点施10～20担提苗，对促进棉花早发具有良好作用。

4. 沼肥 沼肥是人畜粪尿、生活污水、作物秸秆等有机物经沼气池进行厌氧发酵后所产生的，沼肥又分沼渣和沼液两个部分。沼肥的养分含量主要受发酵原料种类、比例和加水量的影响，沼液和沼渣的养分含量也不相同（表7-7）。

表7-7 沼肥（鲜）养分含量参考表

种类	氮（%）	磷（%）	钾（%）
沼肥	0.283	0.113	0.136
沼液	0.499	0.216	0.203
沼渣	0.109	0.019	0.088

沼肥通过厌氧发酵后，一些寄生虫卵及好氧性病原菌等有害物质被杀灭，速效性肥料成分得到了有效提高，是当前农业生产上安全、卫生、速效的优质无公害有机肥料。

沼肥可以广泛应用于各种农作物作种肥和追肥施用，在棉花生产上，可用于苗床培肥和提苗肥。培肥苗床时，可在制钵前1～2天每 20 米² 苗床用沼液 20～30 千克浇施于床土上，施后用农膜覆盖，让沼液均匀扩散。作提苗肥时，可直接点施于棉苗根部，一般亩施 10～20 担。沼液中含有较多的氨基酸，过滤稀释后作叶面喷施，对促进棉苗生长也有一定作用。

三、棉花各生育阶段的肥料运筹

棉花各个生育阶段肥料的合理运筹，对夺取棉花高产非常关键。棉花各生育时期的各种肥料分配、施用次数及施用时间，是棉花肥料运筹的基本要素。

(一) 施肥次数及时间的确定

棉花一生的施肥次数，因各地的施肥习惯、生态条件、生产水平等因素不同而不同。一般大田有效生长期较短的北方棉区，棉花一生的施肥次数相对少些，主要是以基肥为主；而南方棉区棉花的大田生长期较长，通常施肥的次数相对多些，基肥所占的比例相应小些。砂质土壤保肥能力差，施肥的次数应比壤土和黏土多。生产水平高的棉区，有效结铃期和结铃高峰期相对较长，通常施肥的次数比低水平棉区要多。正常情况下，长江中下游棉区，棉花一生中大田施肥次数为 5～6 次：

第一次：移栽肥，也叫安家肥。施肥时间为移栽期，一般在 4 月下旬至 5 月上旬，施肥方法为撮施于移栽穴底，肥料种类为 45％三元复混肥。

第二次：蕾肥，也叫当家肥。施肥时间为盛蕾期，一般在 6 月上中旬，施肥方法为埋施，肥料种类以有机肥和磷钾肥为主。

第三次：花铃肥。施肥时间为盛花期（棉株基部果枝坐住3～5 个大桃时），一般在 7 月上中旬，施肥方法为埋施，肥料种类以尿素和钾肥为主。

第四次：盖顶肥。施肥时间为 8 月上旬初，施肥方法为结合灌溉撒施于畦沟内，肥料种类为尿素。

第五次：壮桃肥。施肥时间为 8 月下旬，最迟不宜超过 8 月底，施肥方法为结合灌溉撒施于畦沟内，肥料种类为尿素。

（二）150 千克/亩皮棉的用肥量

在土壤肥力为中量水平条件下，根据土壤测试结果及经验系数计算法，亩产 150 千克皮棉的合理施肥量为：（N）25.8 千克/亩、折合尿素 56 千克，（P_2O_5）7.4 千克/亩、折合钙镁磷 53 千克，（K_2O）14.2 千克/亩、折合氯化钾 25.75 千克。长江中下游棉区各种肥力水平的经验施肥量见表 7-8。

表 7-8　亩产 150 千克皮棉经验施肥量参考表

土壤肥力状况	调整系数	氮肥用量（千克）		磷肥用量（千克）		钾肥用量（千克）	
		N	折尿素	P_2O_5	折钙镁磷	K_2O	折氯化钾
极丰富	0.8	20.6	44.8	5.9	42.4	11.4	19.0
丰富	0.9	23.2	50.4	6.7	47.7	12.8	21.3
中量	1.0	25.8	56.0	7.4	53.0	14.2	23.7
缺乏	1.1	28.4	61.6	8.1	58.3	15.6	26.1
极缺乏	1.2	31.0	67.2	8.9	63.6	17.0	28.4

一般情况下，每亩棉田应备足饼肥 50～75 千克，45% 高含量复混肥 7.5 千克，尿素 50 千克，钙镁磷肥 50 千克，氯化钾 25 千克，高含量（17%）硼肥 400 克。

（三）各生育阶段的肥料分配

棉花一生肥料分配总的原则是：基肥足、苗肥轻、蕾肥稳、花铃肥重、盖顶肥猛、壮桃肥巧。在肥料种类分配上，一般基肥以有机肥为主，苗肥以速效性农家肥为主，蕾肥以饼肥和磷钾肥为主，花铃肥以氮钾肥为主，盖顶肥和壮桃肥以尿素为主。具体运筹见表7-9。

表7-9　棉花各生育阶段肥料运筹表

次数	名称	施用比例（%）						施用方法
		饼肥	尿素	磷肥	钾肥	复混肥	硼肥	
一	苗床肥				10～15			亩用1千克培肥床土
二	移栽肥				85～90			亩用6.5千克撮施穴底
三	蕾肥	60～70	10～15	100	60		100	混合埋施
四	花铃肥	30～40	40		40			混合埋施
五	盖顶肥		30					结合灌溉撒施
六	壮桃肥		15～20					结合灌溉撒施

第四节　棉花超高产栽培的化学调控

棉花的化学调控，是在棉花栽培过程中，应用生长调剂或其他化学物质，对棉株的营养生长进行适当调控，达到塑造理想株型、改善群体通风透光条件、协调营养生长和生殖生长之间的矛盾、减少蕾铃脱落为目的一项技术措施。目前，棉花化学调控应用最多的是盛蕾初花期的防徒长、打顶心后防荫蔽烂桃、后期的化学催熟等三个方面。

一、化学调控的主要作用

（一）促进作用

在苗期，可以利用植物生长促进剂对僵苗、弱苗进行刺激，促进细胞分裂和细胞伸长，协调植株体内营养物质的输送和分配，使棉株生长速度加快，达到改造"三类苗"的目的；在花铃期，可以利用植物生长促进剂喷花，达到减少蕾铃脱落的目的；在棉花受灾后，适度喷施植物生长促进剂，可加快棉株恢复生长的速度。

（二）抑制作用

一是利用植物生长延缓剂对旺长棉花进行控制，延缓其生长，控制营养生长速度，使营养生长和生殖生长的关系相互协调发展，促进棉花由营养生长向生殖生长的平稳过渡，达到稳长增蕾、减少蕾铃脱落的目的；二是利用植物生长延缓剂塑造棉花理想株型，控制主茎和果枝节间的伸长，使株型紧凑稳健，协调棉株个体与群体之间的矛盾，达到改善棉田通风透光条件、提高群体光能利用率、促进棉株体内碳、氮代谢平衡发展的目的。

（三）催熟作用

主要在棉花生长后期，利用化学脱叶催熟剂对贪青晚熟的棉花进行脱叶催熟，促使棉株脱叶衰老，促使棉株花蕾和幼铃脱落，加快棉株体内有机养料向成铃输送的速度，加速棉铃的成熟，使棉花向有利于高产、优质的方向发展。

二、化学调控的主要药剂

（一）生长促进剂

1. 赤霉素 也称"九二〇"，是从水稻恶苗病中提取出来的一种激素，是一种高效能的植物生长刺激素。赤霉素能够强烈刺激植物的生长，具有促进细胞体积增大，调节和控制植物体内营养物质的运输和分配，使植株生长产生变化。在棉花生产上应用，能明显减少蕾铃脱落，对受灾后棉株恢复生长具有显著效果。纯净赤霉素为白色结晶状，难溶于水，易溶于酒精，溶液呈酸性，与碱性农药混和会降低效果。在棉花生产上，通常使用的浓度为 20～30 毫克/升。

2. 生长素 植物体内普遍存在的生长素是指吲哚乙酸。吲哚乙酸在茎尖、幼叶、根尖、子房等幼嫩组织部分含量比较多，而在衰老的器官中含量很少。生长素最主要的作用就是促进细胞的伸长，对细胞的分裂和分化也有较好的促进作用。在生产上常用的生长素有：吲哚丁酸、2,4-D、萘乙酸等。

（二）生长抑制剂

1. 助壮素 又名缩节安，化学名称为 1,1-二甲基哌啶鎓氯化物，属内吸性植物生长延缓剂。药性稳定，高效低毒，使用安全。其主要功能是抑制细胞伸长，控制主茎和果枝节间的伸长，控制未定型叶片的增大，促使棉花株型紧凑粗壮、叶片缩小增厚、叶色变深、叶绿素含量增加、光合效能增强，达到协调植株营养、推进生育进程、减少蕾铃脱落、延缓植株衰老、实现高产优质的目的。

目前生产使用的助壮素主要有二种剂型：一种是纯品助壮素，产品为白色结晶；另一种是 25％助壮素水剂，每 100 毫升水剂中含助壮素 25 克。25％助壮素水剂在生产上应用比较广泛，其产品包装为每支 20 毫升，内含成品助壮素 5 克。在棉花生产上使用的浓度一般不宜超过 50 毫克/升，每亩棉花全生育期总剂量不宜超过 15 毫升，折助壮素成品不宜超过 3.75 克。

2. 多效唑 化学名称为（2RS，3RS）-1-（4-氯苯基）-4,4-二甲基-2-（1,2,4-三唑基）戊醇-3。国内生产的多效唑通常以 MET 为代号。是一种常用的植物生长延缓剂，目前多用于水稻育秧、油菜育苗、大豆和花生化控，在棉花生产上主要用于苗床防高脚苗。其功能主要是控制细胞伸长，矮化植株，促进根系发育和分枝的发生，提高叶绿素含量，提高光合效能，延缓植株衰老，增强棉株的抗病能力。当前农业生产上使用的多效唑的剂型为 15％多效唑可湿性粉剂，在棉花苗床使用的浓度不宜超过 100 毫克/升，一般 10 千克水中加 15％多效唑 5 克左右。

（三）化学脱叶催熟剂

1. 乙烯利　乙烯利的主要有效成分为 2-氯乙基磷酸，在常温、pH<3 的水溶液中是稳定的，当 pH 值>4 时就能分解出乙烯。棉株细胞的 pH 值一般都在 5~6 左右，当它被棉株吸收后，即能分解出乙烯。目前生产的乙烯利，含有效成分 40％，它是一种酸性较强的水溶液。此药安全性大，对人、畜均无害，无残留。

乙烯利对棉花产生催熟作用的机理，是通过乙烯利所分解释放出的乙烯起作用的。乙烯具有促进果实成熟的作用，通常把它称为"成熟激素"。乙烯利对棉花的主要作用是，提高棉铃中乙烯的释放量，促进棉铃成熟和提前开裂，缩短铃期，集中吐絮，增加铃重，提高霜前花比例，提高棉花品质。同时，乙烯利对棉花还具有较好的脱叶作用，可以减少后期剪空枝打老叶的人工，对采摘棉花更加方便。

乙烯利的正常使用浓度为 500~1 000 毫克/升，一般每亩用 40％乙烯利 100~150 克，对水 60 千克左右。

2. 氯酸镁　是氯酸盐类脱叶催熟剂的一种，易溶于水，吸湿性很强，毒性很小。氯酸镁的脱叶催熟作用较好，经氯酸镁溶液处理的棉叶，光合强度降低，呼吸作用和蒸腾作用则暂时增强，一天后会明显下降，过氧化氢酶和多酚氧化酶的活性会受到抑制，加速棉花植株的衰老，促进棉株体内有机养料向棉铃输送。在气候正常的情况下，只要施用的浓度和时间正常，对棉花纤维品质和种子的发芽率无不良影响。

氯酸镁施用的时间，在枯霜前半个月到 1 个月喷药，以日平均气温高于 14～15 ℃时为宜，施用的浓度为 1.2%～1.5%，每亩用药量为 1 千克，对水 75 千克左右，喷透叶片。

3. 杀虫双 杀虫双是防治水稻螟虫的主选农药。对棉株会造成落叶枯死，由于杀虫双价格低廉，毒性小，使用较为安全，近年来有不少棉农用于棉花后期脱叶催熟，效果良好。一般每亩喷雾 1 千克（对水 50～60 千克），具有比较好的脱叶催熟效果。具体施用的时间和浓度，值得进一步探讨。

三、化学调控的基本原则及注意事项

（一）化学调控的原则

1. 根据棉株长势进行调控 本着控强调弱的原则进行调控。对长势偏旺的棉花，适时适度叶面喷雾植物生长延缓剂，抑制棉株营养生长，控制棉株个体株型的扩大，改善群体通风透光条件，调节体内碳、氮代谢的平衡，协调营养生长和生殖生长的矛盾；对长势偏弱的棉花，适时适度叶面喷雾植物生长促进剂，刺激棉株的营养生长，促进壮苗早发，加快棉株营养体的扩展速度，早搭丰产架，推进棉花的生长发育进程。

2. 根据生育进程进行调控 本着抓主要矛盾的原则进行调控。棉花各个生育时期有各自的生育特点，那么在不同的生育阶段化学调控的内容和重点是不一样的。一般在苗床期，化学调控的重点是防高脚苗；盛蕾初花期化学调控的重点是防棉株徒长，构建稳健的长势，塑造高产的株型，适当推迟封行期，建立合理的群体结构；花铃期化学调控的重点是调节植株长势，防止蕾铃脱落，可以针对棉株长势适度喷施植物生长促进剂，调节棉株体内养分分配，促进开花结铃，若在每天下午用 20 毫克/升"九二〇"喷花，对提高结铃率有显著作用；打顶心后化学调控的重点是防荫蔽，控制顶部果枝过分拉长，改善棉田通风透光条件，减少棉株中下部铃病的发生；晚秋期化学调控的重点是化学脱叶催熟，提高霜前花比例，改善品质，增加产量。

3. 根据肥水条件进行调控　本着控肥促瘦的原则进行调控。对土壤肥力好、施肥水平高的棉田，尤其是对施氮较多的棉田，要注重化控，施氮量高的棉花，棉株体内氮素营养代谢占优势，光合产物大部分用于合成蛋白质供给棉株营养器官的构建，营养生长一般都很旺盛，及时喷施植物生长延缓剂来抑制棉花营养生长长势十分必要；对土壤肥力较差、施氮水平较低的棉田，在增施肥料的同时，还应进行化学调节，可以适度喷施植物生长促进剂，刺激棉株细胞的伸长和分裂，加快营养生长速度，促进丰产架的构建。

4. 根据品种特性进行调控　本着散控紧促的原则进行调控。现在长江流域所推广的棉花品种大多为杂交棉品种。这些品种的生育特性大致可分为松散旺长型、中间型、紧凑稳长型三个类型。松散旺长型品种，通常是株大、叶大、桃大，营养生长比较旺盛，个体优势较强，对这类棉花品种要适度进行化控，塑造理想高产株型；紧凑稳长型品种，通常植株比较矮小，株型紧凑，果枝较短，叶片较小，群体光能利用率高，长势稳健，结铃性强，棉铃相对小些，对这类品种，一般只宜轻控或不控，对个别基部结铃过多、营养生长偏弱的棉花，还应适度喷施植物生长促进剂，刺激促进植株的营养生长。

5. 根据天气情况进行调控　本着雨控晴促的原则进行调控。长江流域棉区6月中旬至7月上旬正是棉花盛蕾初花期，这段时期正好又是梅雨季节，由于水分、温度、肥料三碰头，棉株的营养生长十分旺盛，越是雨水多，长势就越旺；立秋后南方棉区通常多秋旱，但也常出现"烂秋"现象，一旦出现"烂秋"，秋雨绵绵，棉花极易出现"秋发"，通常是雨天越长，"秋发"越严重。因此，在这两个时段，一定要把握控阴雨不控晴热、控潮湿不控干旱的调控原则，防止棉花蕾期疯长和"秋发"现象的出现。

（二）化学调控应注意的事项

1. 选准化学调控的剂型　各种植物生长调节剂作用和功能是不同的，棉花化学调控药剂的种类和剂型对调控效果影响很大，选用棉花化学调控药剂时，一定要针对性地科学选用，若选错了植物生长调节剂，不仅达不到调控的目的，而且还会适得其反；棉花化学调控药剂的剂型选择对调控效果也有较大影响。生产实践证明：苗床防控高脚苗，选用 15％的多效唑效果比较好；大田化控选用 25％助壮素比选用缩节安更为安全，棉农容易掌握，而且使用效果较好；改造"三类苗"以"九二〇"的效果较好；保蕾保铃防脱落通常可选用"九二〇"和 2,4 - D；后期催熟通常选用 40％乙烯利。

2. 把握化学调控的剂量　化学调控的剂量大小，是棉花化学调控成败的关键。剂量的大小应根据苗情、天气、品种、生育进程及肥水条件灵活掌握。化控剂量：旺长苗宜大，稳长苗适中，瘦弱苗宜轻；化调剂量：瘦弱苗宜大，稳长苗适中，旺长苗宜轻；催熟剂量：贪青晚熟的剂量宜大，早熟早衰的不必催熟。

3. 抓住化学调控的适期　棉花化学调控的时间与调控的效果关系较为密切，抓住适期进行调控十分关键。一般情况下，化学调控的时间应适当超前，坚持以"防"为主的原则。防高脚苗的适宜时间为子叶分心期至一真叶期，蕾期化控防徒长宜在埋蕾肥后的 3～5 天进行，秋后化控防荫蔽宜在打顶心后的 7～10 天进行，后期催熟宜在枯霜期前 20～30 天为宜。

4. 注重化学调控的方法　一是要做到配准浓度，用药量和稀释液量与棉田面积要计算准确；二是要做到喷雾均匀，上下均匀一致，不漏喷、不重喷；三是尽量选在晴天下午喷药，要求在喷药后 4 小时内不下雨，若 4 小时以内下雨应重新喷药，但浓度应酌情降低；四是在把握不准调控剂量的情况下，可以采用"少量多次"的方法，切忌盲目加大剂量；五是注意不要和碱性农药混合使用，因为大多植物生长调节剂呈酸性，若与碱性农药混用，会影响药效。

5. 注意调控后的生长假相 很多植物生长调节剂喷施后，棉株都会出现生长假相，例如：棉花喷施助壮素后，叶色会变得深绿，出现肥料充足的假相，很多棉农被这种假相蒙蔽而停止施肥，结果导致棉花早衰减产；棉花喷施"九二〇"后，生长速度明显加快，这是受刺激后的效果，并不是实质长势，务必要加强肥水管理，促进根系生长，提升棉苗素质。

四、棉花全程化学调控技术

全程化学调控是棉花生产新技术，也是棉花超高产栽培的重要技术措施。在棉花超高产栽培中，要科学地把握调控原则和方法，做到有调有控、调控结合，因地制宜，灵活掌握。

（一）苗床化控防高脚苗

在齐苗 10～15 天（子叶分心至第一片真叶出现时）喷施75～100 毫克/升浓度的多效唑水溶液，均匀喷雾一遍即可。药液的配制方法是：用 5 克 15％多效唑对水 7.5～10 千克搅匀，一般可喷 3～5 亩棉花大田的苗床。也可以在 1～2 真叶期，即齐苗后 15～20 天，喷施 25～30 毫克/升浓度助壮素水溶液。药液的配制方法：用 25％的助壮素 1 毫升对水 7.5～10 千克搅匀，一般可喷 3～5 亩棉花大田的苗床。

（二）苗期化调促早发

针对僵苗、弱苗和草荒苗等三类苗，在加强田间管理的同时，应及时辅助进行化学调节，利用植物生长促进剂对棉苗进行生长刺激，促使棉苗恢复正常生长。苗期化调的主要药剂为"九二〇"，喷施浓度一般30毫克/升左右。药液的配制方法：用80％"九二〇"可溶性粉剂2克对水50千克，一般可改造1～2亩三类苗棉花。

（三）盛蕾初花期化控防徒长

1. 蕾期化控　在6月上旬前后，大部分棉花已进入现蕾期，6月中旬进入盛蕾期。一般在6月中旬埋施蕾肥后，对长势旺盛、叶片肥大、叶色浓绿、茎嫩节稀的旺苗要及时进行重度化控，一般可喷施50毫克/升浓度的助壮素进行化控（用25％助壮素3毫升对水15千克）；对长势稍旺的偏旺苗，一般可喷施40毫克/升浓度的助壮素进行化控（用25％助壮素2.5毫升对水15千克）；对稳长苗宜轻度化控，一般可喷施30毫克/升浓度的助壮素进行化控（用25％助壮素2毫升对水15千克）；对弱势苗则不宜进行化控。

2. 初花期化控　6月下旬至7月初，正是棉花初花期，此时植株生长非常旺盛，水、肥、温碰头，极易造成疯长，应及时进行化控。对旺长苗可喷施50毫克/升浓度的助壮素（用25％助壮素5毫升对水30千克）；对偏旺苗可喷施40毫克/升浓度的助壮素（用25％助壮素4毫升对水25千克）；对稳长苗可喷施30毫克/升浓度的助壮素（用25％助壮素3毫升对水25千克）；对弱势苗一般不进行化控。

（四）花铃期化调防脱落

九二〇对防止棉花蕾铃脱落具有良好的效果，江西省九江、彭泽等县利用九二〇喷花（或涂点红花）防止蕾铃脱落取得了成功经验。可于7月15日至8月15日的结铃高峰期，用20毫克/升九二〇每天下午用喉头喷雾器对准当天所开的花喷雾，可以显著提高棉花的结铃率。药液配制方法：用1克80％可溶性九二〇粉剂对水4千克配成母液备用，再按母液的1：10配成喷雾液。

（五）打顶后化控防荫蔽

在重施花铃肥和盖顶肥的基础上，对后劲足的棉花，在打顶心后的 7～10 天，待顶部果枝长度达 10～15 厘米时（一般在 8 月中旬前后），全面喷施 50 毫克/升浓度的助壮素，防止（亩用 25％助壮素 5 毫升对水 30 千克喷雾棉株中上部）顶部果枝过分伸长而造成荫蔽烂桃，抑制赘芽生长，促进棉铃养分的集中供应。

（六）后期化调脱叶催熟

1. 使用对象田 肥水充足、贪青晚熟、晚秋桃较多的棉田是化学脱叶催熟的主要对象田，这类棉田往往有相当比重的青铃在霜前或拔秆前不能正常吐絮。为了促使晚秋桃提早成熟吐絮，提高霜前花比例，对这类棉田通常在枯霜前使用乙烯利进行化学脱叶催熟。

2. 时间及方法 乙烯利的使用时间要适宜，使用时间过晚，由于气温低不能发挥药效；使用时间过早，叶片过早衰亡干枯脱落，影响产量和品质。使用时间的确定应掌握三条原则：一是大部分青铃的铃期在 45 天以上，达到 7～8 成的成熟度；二是使用乙烯利时的气温连续 3 天在 20 ℃以上；三是距枯霜期 15 天左右。使用的方法很简单，要求药液量喷足、喷雾均匀、以棉铃为重点进行喷雾。

3. 用量及浓度 用药量一般每亩用 40％乙烯利 100～150 毫升，对水 60 千克，配成 500～1 000 毫克/升的药液浓度。

4. 注意事项

① 乙烯利要求即配即用，以利提高药效。

② 乙烯利属酸性药剂，不能与碱性农药混用。

③ 乙烯利有低毒，对皮肤、眼睛、黏膜刺激性较大，使用时注意尽量避免接触皮肤，特别要注意不要将原液溅入眼内。

第五节　棉花病虫草害综合防治

一、棉花病害发生趋势及防治

(一) 棉花病害发生的总体趋势

长江中下游棉区是我国的特优质棉花优势产区，热量丰富，雨水充沛，具有适合特优质棉生产的生态环境。同时，这些生态条件也是各种棉花病害发生的适宜环境。

棉花病害，按其发生的复杂性和危害的严重性，可概括地划分为四大类：

① 导致全株萎蔫或全株被害的枯萎病、黄萎病、茎枯病。

② 既危害棉苗又危害棉铃的炭疽病、红腐病、棉疫病、角斑病。

③ 单一危害棉苗的立枯病、猝倒病、黑斑病、褐斑病。

④ 单一危害棉铃的黑果病、红粉病、曲霉病、灰霉病、软腐病（图7-1）。

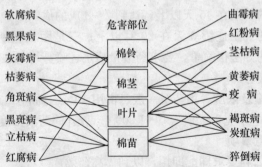

图7-1　棉花主要病害危害部位图

在这些病害中，长江中下游棉区主要常发性病害有：危害棉苗的炭疽病、立枯病、疫病；危害叶片的角斑病；危害棉铃的黑果病、红粉病、红腐病、曲霉病；危害棉茎的茎枯病；危害全株的枯萎病等 10 多种。对棉花生产构成了一定的威胁。

棉花苗期病害长期以来一直是长江中下游棉区棉花的主要病害，以炭疽病和立枯病为主，自 20 世纪 70 年代起，棉苗疫病日趋严重。棉花的苗期病害常引起烂种、烂芽、死苗，一般年份的发病率在 30%左右，严重年份超过 50%，造成棉田成片缺苗断垄，难于实现一播全苗；1990 年以后，推行改棉花直播为育苗移栽，营养钵育苗面积不断扩大，苗床消毒防病、清沟排渍等一系列保苗技术在逐步推广，棉花苗病得到了有效的遏制，较好地克服了大田缺苗现象；1995 年以后，脱绒包衣棉种大面积推广应用，棉花苗期病害相对减轻，基本上能实行一播全苗。苗期病害对棉花生产的威胁得到了有效缓和。

棉花枯萎病是长江中下游棉区的重要病害，1963 年开始发现，以后病害面积逐渐扩大，20 世纪 70 年代发病面积直线上升，现已成为长江中下游棉区普遍发生的病害。在局部重病区，棉花产量受到了严重影响，成为了当时困扰棉花生产发展的重大障碍因素。近十年来，由于大面积推广使用抗枯萎病品种，发病面积基本上得到控制，危害程度也大为减轻。

棉花黄萎病是长江中下游棉区的重点检疫性病害，而在黄河流域棉区，黄萎病已成了重要病害，通常与枯萎病混合发生。防治难度最大，其致病性强的生理小种在一些植棉国家陆续发生，落叶型的生理小种也已经在我国出现，而目前尚未育成对黄萎病抗性较强的品种，大多数品种只是耐黄萎病，其他防治措施也难以奏效，病情仍然在发展。而目前最危险的是，南北两大棉区之间棉种流通量比较大，黄萎病的传播蔓延在所难免，长江流域棉区的局部已出现了黄萎病，全国性的大病区基本上已经形成。

棉花铃病是南方棉区棉花的重大病害，是棉花产量提高和品质提升的重大障碍因素，每年都有不同程度的烂铃损失，一般年份的烂铃率都在 10%左右，特别是在个别秋雨多的"烂秋"年份，烂铃率可超过 30%，且品质降低 1～2 个等级。铃病的发生，受秋后天气、棉花长势及田间通风透光条件等因素影响。南方棉区的秋后降雨量较大，"烂秋"年份通常 5 年一遇；而棉花的施肥水平较高，棉株生长较为旺盛，棉花群体结构比较大，棉田荫蔽现象相对比较严重，田间通风透光条件比较差，棉花烂铃现象比较普遍。近年来，本区大力开展棉花扩行减株，推行宽行密株的种植方式，棉田通风透光条件有一定程度改善，棉花的烂铃现象得到了有效克服。

尽管棉花病害种类繁多，危害严重，防治难度大，但只要认真地贯彻好"预防为主，综合防治"的植保工作方针，实施检疫制度，推广抗病品种，科学选用农药，优化栽培技术，推行综合防治，棉花的各种病害都会得到有效控制。

对棉花苗病的防治，只要做到全面推广脱绒包衣良种，适时播种，搞好苗床消毒，认真开沟吊床，防止苗床渍害，降低苗床湿度，即能减轻或避免苗病的发生危害；对枯、黄萎病的防治，只要加强种子检疫，推广应用抗病性强的品种，有水利条件的地方，对重病田块实行水、旱轮作，定能起到良好效果；对棉花铃病的防治，只要搞好株行距的合理配置、遇秋雨季节及时摘边心、剪空枝、打老叶，改善通风透光条件，清沟排渍，降低田间湿度，及时喷药，防止病害侵入，一定能取得很好的防效。

(二) 棉花主要病害的发生症状

1. 立枯病

（1）病原菌　立枯病属真菌性病害，病原菌为立枯丝核菌（*Rhizoctonia solani*）。病菌一般只形成菌丝和菌核，由菌丝体组合成坚实菌核以延续其世代。初期菌丝无色，变老时呈褐色至棕色，有横隔膜，分枝处与主枝成直角，再分枝成锐角，分枝基部特别缢缩。菌核呈不规则形，暗褐色，表面粗糙。立枯病菌是一种典型的土壤习居菌，其腐生竞争能力极强，菌丝脱离寄主后，可以在瘦薄的土壤中自由扩展，并迅速占领新的基物。菌丝生长最适温度为17～28℃，发病适温为15～23℃。

（2）侵染途径 立枯病初次入侵主要来自土壤或寄主植物残体中的菌丝和菌核，带菌的土壤是最主要的侵染源。另外，被侵染的种子和被污染的水也属侵染源。病菌侵入有直接侵入、自然孔口侵入和伤口侵入三种途径。棉花子叶期最易感染，病菌入侵后，在皮层细胞间扩展，并吸收周围细胞的营养，使棉苗细胞坏死变褐，并在皮层组织中充满菌丝，最后形成菌核。一般温度在18～20℃、相对湿度超过80％时容易发病，棉苗出土后15天以内，如遇连续低温阴雨，发病尤为严重。

（3）危害症状 立枯病菌导致烂种，主要发生在开始萌动的种子，种壳不开裂，表面生长有霉菌、变软，腐败的胚叶黄褐色，呈糊状物；出土后的幼芽被立枯病菌侵染后，发生腐烂，呈褐色水渍状软腐；幼苗茎基部被侵染后，出现黄褐色病斑，并逐步扩大凹陷，呈缢缩状，严重时茎基部腐烂，表皮腐烂脱落，棉苗萎蔫枯死；子叶发病，常出现黄褐色不规则病斑，以后病部破裂脱落，形成穿孔；多雨年份，蕾期也会受害，茎基部出现黄褐色病斑，表皮腐烂，露出木质部，稍遇风吹即折断枯死。

2. 炭疽病

（1）病原菌 炭疽病为真菌性病害，病原菌为刺盘孢菌（*Colletotrichum gossypii*）。分生孢子着生在分生孢子盘上，分生孢子盘周围长有褐色刚毛。分生孢子为单孢，无色，长椭圆形或短棒状，一端稍尖，多个分生孢子聚生时呈红褐色。菌丝发育及发病适温为25～30℃，最高38℃，最低10℃。

（2）侵染途径 炭疽病是种子带菌率最高的一种病害，一般为30％～80％，病原菌大多附在短绒上，少数潜伏在种皮内或子叶褶间，种子是最主要的侵染源。也有的在病株残体上和土壤中越冬，带病的土壤也是重要的侵染源。棉花苗期最易感染炭疽病，萌发期侵害根尖和下胚轴，幼苗期侵染幼茎基部，并逐步蔓延，甚至扩展到幼茎顶部，通常与立枯病伴生；后期还会侵染棉铃。一般在高温高湿的环境条件下有利于炭疽病的发生。

（3）危害症状　种子萌发期染病常引起种子腐烂；棉苗刚出土时感病，下胚轴和幼根变褐、腐烂；棉苗出土后发病，最初茎基部出现红褐色小斑点，扩大后呈紫褐色略凹陷的短条斑，病斑边缘呈红褐色，逐渐在幼茎形成褐色棱形病斑，纵裂下陷，萎蔫、干枯而死；在高温高湿条件下，病斑向纵深发展，甚至扩展到幼茎顶部，造成顶腐；根部受害呈黑褐色半湿腐；子叶被害多在叶缘产生半圆形的黄褐色或褐色病斑，边缘呈红褐色，在湿度较高的情况下，病斑表面产生橘红色粉状分生孢子团；棉铃被害，表面初为红色或褐色小斑点，逐渐扩展，后呈绿褐色或绿黑色，表面皱缩微下陷，有时病斑边缘呈明显暗红色，稍隆起，密生小颗粒状的分生孢子盘，排列成多层次的同心环状，在潮湿条件下，病斑上产生一层红色或灰褐色的分生孢子。棉铃成熟时，病铃内纤维常成为灰黄色僵瓣或棉铃不开裂，失去经济价值。

3. 棉疫病

（1）病原菌　棉疫病属真菌性病害，病原菌为苎麻疫霉菌（*Phytophthora* sp.）。孢囊梗无色，不分枝或成假轴状分枝，顶生孢子囊。孢子囊淡黄色，单胞，卵圆形或椭圆形，顶端多呈乳头状突起，内生许多无色、单胞、卵圆形、具双鞭毛的游动孢子。藏卵器球形、光滑，成熟后黄褐色，卵孢子无色，单胞，球形。厚垣孢子球形，深黄至浅褐色。病菌喜高湿度的环境条件，发病最适宜的温度为 24～28 ℃。是侵染范围最广的棉花真菌性病害。

（2）侵染途径　病菌以卵孢子、厚垣孢子在棉籽、烂铃、棉叶、棉秆等残体上越冬，厚垣孢子是病菌的主要越冬形态，并且是次年的主要侵染源。苗疫病主要侵染子叶和幼嫩真叶，在子叶或真叶边缘保持水滴较久的部位或低凹处存水部位先侵入，以后逐渐扩展；铃疫病多危害棉株下部的成铃，越是旺盛荫蔽的棉田，棉铃越易被侵染，具有由发病中心向外扩展和铃间相互传染的习性。通常在多雨年份发病较重，特别是暴雨陡晴，最易造成疫病大流行。

（3）危害症状 子叶感病，最初在子叶边缘出现暗绿色水渍状小斑，后逐渐扩大，病斑周围暗绿色，中央灰褐色，最后成不规则形枯斑，严重时呈湿润性褐色腐烂；整个子叶和心芽感病，棉苗变黑枯死，雨天腐烂，晴天枯焦，但仍直立不倒伏；真叶感病，症状与子叶基本相同，但因病斑受叶脉限制，通常形成有棱角的不定形斑；棉铃感病，起初多发生于棉铃基部与萼片相结合处，其次是铃缝和铃尖，病斑初期暗绿色，水渍状，表面光亮，以后扩展呈黄褐色及青褐色，病菌可深入铃壳内使棉铃内呈青色或青褐色，致使纤维霉烂，棉铃疫病发展到一定程度后，病铃表面局部产生一层霜霉状物，即病菌孢子。棉苗疫病随温度上升而中止，棉铃疫病随湿度下降而减轻。

4. 角斑病

（1）病原菌 角斑病为细菌性病害，病原菌为黄单孢杆菌（*Xanthomonas maluacearum*）。菌体短杆状，两端钝圆，有 1～3 根单极鞭毛。喜高温高湿环境，在气温 26 ℃以上、相对湿度 85%以上，最适宜发病。是侵染范围最广的棉花细菌性病害。

（2）侵染途径 病菌主要在棉籽上越冬，棉籽内、外部都带有病菌，大多数病菌附着在棉籽短绒上，带菌棉籽是角斑病的主要侵染源，土壤中病残体上的病原菌也是重要侵染源之一。当带菌棉籽发芽后，病菌首先侵染幼苗子叶，在湿润条件下，病斑处产生细菌溢脓，借风、雨、昆虫等传播媒介，进行再次侵染，侵害叶片、茎枝、蕾铃和种子。这些带菌病残体落入土壤中越冬，又成为次年的初侵染源，形成周而复始的侵染循环。

（3）危害症状 子叶受害，起初呈深绿色小点，逐渐扩大成为油渍状斑，最后变成黑褐色，重者子叶干枯脱落；幼茎发病，变黑腐烂，病部下凹；顶芽发病，造成烂顶、死苗；真叶发病，起初在叶背面先出现深绿色小斑点，逐渐扩大成油渍状病斑，由于受叶脉限制而成多角形病斑，有时病斑还沿主脉发展到叶柄，呈黑色条斑，造成叶片枯凋而脱落；棉茎受害，初现水渍状病斑，以后环状扩展包围棉茎，致使病斑部位变细而弯曲、折断、枯死；苞叶上的病斑可扩展到铃柄，导致蕾铃脱落；棉铃受害，铃壳初现深绿色小斑点，之后发展成为透明、光亮、油渍状圆形病斑，几个病斑相连而成不规则形，病斑干缩，中心下陷，变褐变黑。通常以幼铃受害为多，引起烂铃、脱落，成铃受害一般只侵害铃壳或部分铃室，多形成僵瓣。

5. 枯萎病

（1）病原菌　棉花枯萎病属真菌性病害，病原菌为尖孢镰刀菌种的萎蔫专化型真菌（*Fusarium oxysporum* f. sp. *uasin - fectum*）。病菌有大型分生孢子、小型分生孢子和厚垣孢子。大分生孢子镰刀形，小分生孢子卵圆形至纺锤形，厚垣孢子圆形。病菌生长的温度范围为 $10\sim38\ ℃$，适温为 $27\sim30\ ℃$。枯萎病主要是破坏棉花的维管束系统。

（2）侵染途径　棉花枯萎病是土传性病害，它是通过种子和病残体传播至棉田中定植，在棉株维管束内营寄生生活，在土壤中或病残体上营腐生生活。以菌丝、厚垣孢子在土壤中越冬，翌年环境条件适宜时开始萌发，自棉苗根系侵入，一般最易从伤口侵入，也可直接从嫩根表皮侵入，一般感病品种可直接侵入，抗病品种通常要通过伤口侵入。侵入后，在棉株维管束内繁殖、扩展，上升至茎、枝、叶、铃柄和种子各器官，最后病残体在土壤中越冬，重复第二年的循环侵染。病菌一旦传入土壤中，可数年不死，以后年复一年积累，病情逐年加重。枯萎病的发生，与温度关系密切，土温 $20\ ℃$ 时，田间出现病株，$25\sim28\ ℃$ 时是发病高峰期，超过 $30\ ℃$ 病害停止发展，9 月份后，当土温降至 $30\ ℃$ 以下时，田间又开始发病，引起棉株枯死。在温度适宜的条件下，雨水又成为病害发展的重要因素，通常 6～7 月多雨则发病重。

（3）危害症状　棉株感染枯萎病后，往往出现不同症状，大致可归纳为5类：一是黄色网纹型，发病初期，全叶或叶的部分叶脉变黄，叶肉绿色，形成黄色网纹，最后叶肉也变黄褐色枯死，此类症状通常发生在湿度较大的棉田；二是黄化型，病株叶片黄色或淡黄色，有时叶片边缘呈局部枯死斑，最后叶片萎蔫干枯，此类症状多出现在温度较高的环境；三是紫红型，有时全叶变紫红，有时叶缘或叶面出现紫红斑，叶脉也多呈紫红色，此类症状多出现在低温条件或盐碱土棉田；四是青枯型，子叶和真叶暗深绿色，萎蔫下垂，有时全株萎蔫，有时半边萎蔫，叶片变软，似开水烫过，此类症状多发生在高燥棉田；五是皱缩型，通常在现蕾期后发生，棉株节间粗短，株型矮小，叶片深绿，稍有增厚，且皱缩，凹凸不平，重者大量落叶，形成光杆，上、中部叶片的症状表现尤为明显。蕾期后还会出现叶片枯斑、枯顶和半边枯黄等症状。由于环境条件复杂多变，上述症状，通常在同一株上会同时出现2～3种症状。

6. 茎枯病

（1）病原菌　棉花茎枯病是一种突发性的真菌性病害，病原菌为棉壳二孢菌（*Ascochyta gossypii*）。分生孢子器球形，有孔口，顶部平或稍突起。分生孢子无色，卵形，初单胞，成熟后中央产生一个隔膜。菌丝在5～32℃都可发育，以21～25℃最适，发病适温为16～25℃。棉株从幼苗到结铃各生育期都能受害，是典型的多时期、多部位病害。

（2）侵染途径　病菌以菌丝体潜藏在棉籽短绒上或种子内部，以菌丝体和孢子器在病残体上越冬。初次侵染菌源，老区以土壤带菌、新区以棉籽带菌传播为重要途径。当棉籽发芽时或棉苗出土后，潜伏在种子和病残体上的菌丝和孢子均能侵染。在气候条件适宜的情况下，孢子器吸水，释放出大量的分生孢子，借助风、雨和蚜虫传播侵染，出现周而复始的多次侵染循环，构成棉花茎枯病的大流行。

（3）危害症状　子叶和真叶受害，初生黄褐色或褐色小圆斑，叶的外缘呈紫红色，以后病斑扩大合并，呈不规则形，中央灰白至褐色，具有同心轮纹，表面生黑色小点，即病菌的分生孢子器，病部常破碎凋落，阴雨天或湿度很大时，叶上出现灰色水渍状，有如开水烫过一样的病斑，并迅速扩大蔓延，不久叶片萎垂变黑脱落，严重时脱落成光秆；叶柄和茎部受害，一般形成褐色椭圆形病斑，病斑周围紫红色，中央凹陷缢缩，病部容易折断；棉铃受害，病斑与茎部相似，病菌能从棉铃基部入侵，使之不能开裂，形成僵瓣。

7. 黑果病

（1）病原菌　黑果病是单一危害棉铃的真菌性病害，病原菌为棉色二孢菌（*Diplodia gossypina*）。分生孢子器近球形，黑褐色，顶端有一个小孔口，内生许多分生孢子。分生孢子卵圆形或椭圆形，初期无色单胞，成熟后变成褐色双胞。

（2）侵染途径　病菌在被害的烂铃上越冬，残留在棉田的病铃残体成为土壤带菌来源，翌年由孢子器散发出分生孢子，经风、雨或昆虫传播危害。病菌侵染途径多从虫伤或机械损伤伤口侵入，伤口较大、较深的情况下，棉铃腐烂最快，也可从铃壳蜡质层、表皮细胞和表皮茸毛直接侵入危害棉铃。

（3）危害症状　受害棉铃，开始时铃壳变淡褐色，整个青铃软化，继而生出突起小斑点，初为白色，逐渐变为黑色。随着棉铃的发育，铃壳变僵硬，外部附着大量煤烟状分生孢子器和分生孢子，并在棉田传播蔓延。病铃缩小，内部纤维形成灰黑色硬结，不能开裂吐絮，不脱落而僵缩在果枝上。

8. 红粉病

（1）病原菌　红粉病是单一危害棉铃的真菌性病害，病原菌为玫红复端孢菌（*Cephalothecium roseum*）。分生孢子梗无色线状，有2～3个横隔膜，分生孢子聚生于梗端，无色或淡红色，双胞，梨形或卵形，上部细胞的上端常向一侧稍歪。

（2）侵染途径　病原菌属弱寄生菌或腐生菌，不能直接侵害棉铃，只能从伤口、虫孔或棉铃裂缝处侵入危害。病菌主要在棉铃上越冬，翌年由风、雨和昆虫传播危害。

（3）危害症状　多在结铃后期发生，在铃缝或伤口处产生杏红色的松散绒状孢子霉层，逐渐扩展至全铃，在铃表面布满红色孢子堆，质厚而紧密。当空气潮湿时，生长出白色、绒状菌丝。棉铃被害后，棉纤维变成褐色僵瓣，棉瓤干缩，棉铃不能正常开裂吐絮。

9. 红腐病

（1）病原菌　红腐病是既危害棉苗又危害棉铃的多部位真菌性病害，其病原菌是串珠、半裸、禾谷等多种镰孢菌，其中以串珠镰孢菌（*Fusarium moniliforme*）为最重要。该菌大型分生孢子无色，镰刀形，一般 3～5 个隔膜，小型分生孢子无色，单孢，卵形或椭圆形，串生于分生孢子梗上。

（2）侵染途径　病菌主要以附着在种子短绒上的分生孢子和潜伏在种子内部的菌丝体，或以厚垣孢子和菌丝体在土壤中及遗落在田间的烂铃、残枝落叶病残体上或其他寄主植物上越冬。当条件适宜时，厚垣孢子即萌发，伸出芽管，菌丝侵入萌动的种子及幼芽，造成烂种、烂芽、烂根，致使幼苗枯死。病苗上的病菌继而产生分生孢子，经风雨传播造成再侵染。苗期时，红腐病主要发生在胚茎和根部，子叶和真叶也可受害。铃期时，病菌通过风、雨、昆虫等途径传至棉铃上，经由虫口、机械伤口及其他病害病斑的伤口处侵入危害。

（3）危害症状　子叶发病，先从叶缘开始，初生黄褐色小斑，后扩大成不规则形或近圆形的灰红色病斑，叶表面常出现粉红色霉层，即病菌的分生孢子；真叶病症与子叶相似，但顶部幼嫩真叶及生长点往往呈现黑褐色，并逐渐腐烂；幼芽被害，病斑红褐色，变软腐烂；根部被害，先从根尖或侧根开始变黄，后扩展至整个根部，呈褐色渐变至深褐色，根周变软且膨胀肿大，由根尖向上发展至全根腐烂；幼茎受害后，内部导管变暗褐色，茎基部先产生黄褐色条形病斑，后渐变黑褐色而腐烂；棉铃被害，病斑呈褐色，不规则形，没有明显界限，常由铃缝扩展至全铃，腐烂的棉铃表面覆盖有白色菌丝体或一层淡紫色或粉红色孢子堆，雨淋后结成块状，棉铃腐烂或从铃柄处脱落，或纤维结成僵瓣，铃壳不开裂。

10. 黄叶枯死病 也称红叶枯死病，是棉花生产上带普遍性的一种生理性病害，其主要原因是棉株生理性缺钾而形成。土壤缺钾、干旱缺水、渍害或板结、偏施氮肥、有机肥不足等，都会导致棉株生理性缺钾。

发病初期，上部叶片边缘出现退绿变黄，后逐渐变红，叶肉成锈红色。中、下部叶片呈暗绿色，以后叶片增厚，皱缩发脆，光泽明显，叶脉间出现黄白色斑点，但叶脉仍为绿色，叶缘下卷，叶片上凸，逐渐变黄，以后由黄转红，以至枯焦，严重时叶片基部变软，失水干缩，可引起大量落叶。病株主根粗短须根较少，但维管束不变色，这是与枯萎病的最大区别。

一般病症是基部叶片先出现，从下而上发展蔓延。通常连作棉田、丘陵旱地、重砂性或重黏性土壤棉田发病较多。在时间上，一般是 7 月底至 8 月初发生较多。高温干旱发病相对严重，久旱暴雨也易引发黄叶枯死病。

（三）棉花主要病害的综合防治

1. 综合防治对策 坚持"预防为主，综合防治"。一是做到"防重于治"，一般感病后的棉株，即使环境条件有所改善，防治措施十分得力，受害器官也难以恢复常态，基本上没有动物病害的痊愈过程，而是常以染病个体不可逆转的局部坏死或全株死亡而告终，所以棉花病害的重点是"防"而不是"治"；二是在立足于农业防治、物理防治、生物防治的基础上，搞好化学防治，多渠道、多途径、多层次控制病害的发生和蔓延。

2. 综合防治技术

（1）强化检疫制度 检疫是一种防患于未然的有效措施。棉花枯萎病和黄萎病已被列入国内病害的检疫对象，并已划定了疫区和保护区。疫区要防止带菌棉种调出疫区之外，保护区要严防带菌棉种传入。目前长江中下游棉区还属于黄萎病保护区，要严格防止带有黄萎病菌的棉种调入。棉种调运时要求进行严格检疫。

（2）推行健康栽培　棉花与病菌是自然界相互斗争着的矛盾统一体，棉花的抗逆性增强，病菌的侵染力就会相对减弱。所以，要推行棉花的健康栽培，创造一个有利于棉花生长发育而不利病菌孳生和侵染的棉田生态环境。

① 合理运筹肥水。要十分重视钾肥和微肥的施用，增施有机肥，防止偏施氮肥。同时，注重科学灌溉，提高棉株对病害的抵抗能力。这也是防止棉花黄叶枯死病的有效措施。

② 改善棉田通风透光条件。合理稀植，扩行减株，搞好株行距的合理配置，选择南北行向，进行适度化控，塑造理想株型，剪空枝、摘边心、打老叶，改善棉田通风透光条件，防止病害的孳生和蔓延。

③ 开沟排渍降湿。搞好开沟排渍，能降低棉田土壤湿度和空气温度，有效地增加土壤氧气，促进根系生长，对防止棉花苗期病害和烂铃均有良好效果。同时还能减轻枯萎病和黄叶枯死病的发生。

④ 推广脱绒包衣棉种。棉种上的病菌绝大多数附着在短绒上，硫酸脱绒能较好地杀灭种子短绒上所带病原菌；种衣剂能有效地杀灭种皮和种子附近土壤里的病原菌。因此，推广脱绒包衣棉种能有效地减轻棉花苗期病害的发生。

⑤ 推广抗病品种。抗病性强的品种能较好地抵御病原菌的侵染，要选用苗期长势强、苗期病害少、高抗枯萎病、耐黄萎病的品种。

（3）推行棉田轮作　对枯萎病重发棉田，进行水旱轮作，具有非常显著的防治效果，一般种植水稻至少 2 年以上，稻后植棉连作不宜超过 3 年，以防病菌积累。水旱轮作对防治棉花黄萎病也有显著效果，可以有效降低黄萎病发病株率。

（4）搞好化学防治　施用化学药剂防治棉花病害，是一种消灭菌源、控制扩散、防御侵染的有效应急措施。通常采用喷施较多，苗病严重的也有采用药液灌蔸的做法。目前用于防治棉花病害的杀菌剂有 30 多种，常用的也有 10 多种（表 7 - 10）。

表 7 - 10　防治棉花病害常用杀菌剂一览表

药剂名称	剂型	用法	浓度	防治对象
代森锌	80％可湿性粉剂	喷施	500～700 倍	苗病、铃病
代森铵	45％水剂	喷施	200～300 倍	苗病、铃病
百菌清	75％可湿性粉剂	喷施	500 倍	苗病、铃病
甲霜灵	25％可湿性粉剂	喷施	500～800 倍	苗病、铃病
三唑酮	25％可湿性粉剂	喷施	3 000～5 000 倍	苗病、铃病
多菌灵	40％胶悬剂	喷施	1 000 倍	苗病、铃病
络氨铜	10％水剂	喷施	400～1 000 倍	苗病、铃病
退菌特	50％可湿性粉剂	喷施	800～1 000 倍	苗病、铃病
杀毒矾	64％可湿性粉剂	喷施	500 倍	苗病、铃病
甲基托布津	70％可湿性粉剂	喷施	1 000 倍	苗病、铃病
敌克松	40％可湿性粉剂	喷施	500～1 000 倍	苗病、铃病

这些杀菌剂中，大多数属保护剂，一般喷施时间应在发病之前，喷药时要求配准浓度，喷施均匀，喷足水量，抓住时机，以便发挥更好的防病效果。

二、棉花虫害发生趋势及防治

（一）棉花虫害发生的总体趋势及综合防治技术

1. 棉花虫害的发生趋势　长江中下游棉区棉花害虫的种类很多，据调查，有 155 种，其中发生频率较高、危害较重的有棉铃虫、红铃虫、红蜘蛛、斜纹夜蛾、棉盲蝽、棉蚜虫、棉蓟马、小地老虎、棉叶蝉（叶跳虫）、金刚钻、玉米螟、蜗牛等12种。

红铃虫、红蜘蛛、棉铃虫一直是南方棉区的主要害虫，长期以来，给南方棉区带来了很大损失。20世纪90年代初，黄河流域棉区棉铃虫连年大暴发，随即长江流域棉区棉铃虫暴发成灾，棉花生产损失惨重。

2000年以后，长江流域棉区先后引进中棉所29、湘杂棉3号、南抗3号等杂交抗虫棉种植，棉铃虫和红铃虫等鳞翅目棉花害虫得到了有效控制，棉花虫害损失显著降低，单产大幅度提高，治虫成本大幅度降低，植棉效益有了明显上升。从此，南方棉区棉花害虫的主次地位发生了根本性变化，棉铃虫和红铃虫由主要地位降至次要地位，棉红蜘蛛仍然占据主要位置，而斜纹夜蛾、棉盲蝽、棉蓟马则由次要地位上升到主要地位，成为了当前对棉花生产为害最大的害虫。

棉花各生育时期的主要虫害趋势是：小地老虎、蜗牛危害幼苗造成缺苗断垄；棉蓟马危害幼苗生长点，造成多头棉和无头棉；棉盲蝽危害嫩头幼叶，造成"破叶疯"；棉蚜虫危害棉苗，造成矮缩苗；高温干旱季节，棉红蜘蛛危害棉株，造成落叶光秆；花铃期斜纹夜蛾危害花蕾，造成大量蕾铃脱落；8月15日以后，通常第四代棉铃虫对蕾铃也会造成一定程度危害；棉花中后期还会受叶跳虫的危害，造成红叶卷缩，引发蕾铃脱落。

总之，棉花一生自始至终都在遭遇虫害威胁。棉花虫害所造成的损失，仍是当前阻碍棉花产量提高的重要因素之一。特别是近年来斜纹夜蛾、棉盲蝽、红蜘蛛、棉蓟马的严重危害，给棉花生产造成了重大经济损失。因此，及时有效地采取综合防治措施，控制棉花害虫的危害，是实现棉花超高产重要措施之一。

2. 棉花虫害的综合防治技术

（1）农业防治技术

① 推广抗虫棉品种。推广抗虫棉品种是农业防治的重要手段。目前推广的抗虫棉品种分物理抗性和生理抗性两类。

② 推行冬耕灭蛹。棉田冬季翻耕，可以杀灭多种土壤越冬害虫，尤其是对棉铃虫越冬蛹的杀灭效果较好，可以明显减少虫源。有条件的地方还可以推行冬灌灭蛹技术。

③ 消灭田边杂草。消灭棉田及四周杂草，即能清除部分害虫赖以生存的杂草环境，可以有效地减轻红蜘蛛、棉蚜、小地老虎等害虫的危害，对棉盲蝽的危害也能得到一定程度的控制。

④ 推行稻棉轮作。稻棉轮作可以显著减轻棉病的发生，但是对棉花虫害也有良好控制效果。尤其是对红蜘蛛和棉蚜的控制效果比较明显。

（2）生物防治技术

① 合理用药保护天敌。合理用药是保护害虫天敌的有效措施，在使用农药时，应选用对天敌杀伤力低的选择性农药，尽量避免使用高毒农药。如防治棉蚜时应选用吡虫啉，尽量少使用有机磷和氨基甲酸酯类农药。

② 大力推广生物农药。生物农药在棉花上已经开始应用，应用比较多的有 Bt 生物制剂、核多角体病毒等，对防治棉铃虫等鳞翅目害虫具有良好效果，而且对人畜无毒，对环境不会造成污染。

（3）物理防治技术　主要是根据害虫的趋光性，利用黑光灯、双波灯、频振式杀虫灯和荧光高压汞灯等进行诱杀。试验证明：双波灯对红铃虫的诱杀效果较好；黑光灯对小造桥虫的效果较好，其次为棉铃虫、斜纹夜蛾、小地老虎；频振式杀虫灯除对棉铃虫、斜纹夜蛾、小地老虎、造桥虫有效外，对果树、蔬菜害虫也有一定效果；荧光高压汞灯对棉铃虫的诱杀效果最佳，控制棉铃虫的效果较为显著。

黑光灯的安装高度距地面 1.5～2 米，以高出棉花为宜，在灯下装一水盆，加少量煤油或洗衣粉，每灯功率 20 瓦，控制面积 30～50 亩。

双波灯的安装高度距地面 1.5 米，在灯下建 1 米^2 水池，池内放少量洗衣粉，每灯功率 20 瓦，控制面积 30～50 亩。

频振式杀虫灯在灯外绕有频振高压电网，灯可升降自如，灯下装有口袋接电网电死的虫子，装灯高度高于棉花，每灯功率 30 瓦，控制面积 60 亩。

高压汞灯安装高度与棉株相齐，灯下建 1.5～2.5 米^2 水池，水中加 0.1％洗衣粉，每灯功率 450 瓦，控制面积 100 亩。

（4）化学防治技术

① 要及时搞好虫情测报。虫情测报是化学防治的基础性工作，准确的预报，能够降低防治成本、提高防治效果。因此，在进行化学防治之前，一定要认真进行田间虫情调查，分析害虫的发育进度，确定防治适期，选用对路农药，及时打准打狠，提高防效。

② 建立合理的防治指标。化学防治的核心是科学用药，首先要制定合理的防治标准，适时、适量防治。棉花有很强的自身调节补偿能力，一般花铃盛期以前虫害的补偿能力很强，盛铃期后补偿能力逐渐丧失。因此，在制定防治指标时，要根据不同的生育时期和不同的虫害分别对待。转 Bt 基因抗虫棉品种推广后，棉铃虫的防治标准发生了改变，一般为每百株有 3 龄以下幼虫 3～7 条时，即开始进行化学防治。

③ 选用对路的高效农药。农药的种类繁多，每种农药的特性和杀虫效果均有差异，同样每种害虫对药剂的反应也不相同。在进行化学防治时，应根据防治对象和农药特性，选用对路农药品种。目前，在棉花生产上应用较多、效果较好的农药品种见表 7-11。

表7-11 防治棉花虫害常用杀虫剂一览表

药剂名称	剂　型	用法	浓度	防治对象
敌杀死	2.5%乳油	喷施	1 500～2 000 倍	小地老虎
速灭杀丁	20%乳油	喷施	1 500～2 000 倍	小地老虎
密达	6%颗粒剂	撒施	0.25千克/亩	蜗牛
涕灭威	5%颗粒剂	撒施	1.2千克/亩	棉蚜、蓟马等
吡虫啉	10%可湿性粉剂	喷施	1 000 倍	棉蚜、叶蝉等
阿维菌素	5%乳油	喷施	100毫克/升	红蜘蛛
辛硫磷	50%乳油	喷施	1 000～1 500 倍	棉铃虫、棉蚜等
万　灵	24%可湿性粉剂	喷施	1 000～1 500 倍	棉铃虫（杀卵）
丙溴磷	40%乳油	喷施	1 000～1 500 倍	棉铃虫、斜纹夜蛾

④ 掌握有效的防治方法。一是要抓住防治适期，应选定在孵化高峰期用药；二是要掌握药液浓度，要求配药时先配成母液，再按要求稀释至规定浓度，尽量做到准确；三是要喷足水量，一般在盛蕾期后要求每亩喷足 50～60 千克药液；四是要做到喷雾均匀，重点突出，根据害虫危害的重点部位针对性进行防治。

（二）棉花主要虫害的发生及防治

1. 小地老虎 俗称地蚕、土蚕，属鳞翅目夜蛾科，是棉苗及其他春播作物的主要害虫之一。幼虫除危害棉苗外，常危害辣椒、豆类、芝麻、玉米等多种农作物。棉苗被害后常造成缺株、断垄，影响全苗。

（1）发生特点 小地老虎一年发生 4～5 代，以老熟幼虫或蛹在土中越冬。第一代幼虫发生在 4 月下旬至 5 月下旬，对棉苗危害严重，以后各代危害较轻。成虫有趋光性，多在夜间活动，喜食甜、香、酸的食物。卵散产于土表或作物上，幼虫有假死现象，低龄幼虫昼夜活动，取食棉苗心叶，或其他幼嫩部分，被害叶片呈半透明白斑或孔洞、缺刻，4龄以后的大龄幼虫常咬断棉苗。幼虫喜欢在低洼潮湿杂草丛生或水淹过的地方生活，一般靠近江湖或低洼潮湿的棉田发生多、危害重。春季高温，第一代通常发生较早，对棉苗的危害也相对严重。

（2）防治方法

① 消灭杂草，排除积水。对田边地头的杂草及时进行清除，对低洼积水的田块进行开沟排积水，彻底清除小地老虎的生存环境。及时中耕对消灭卵、虫都有一定效果。

② 诱杀。成虫盛发期可用杀虫灯进行诱杀，也可以用糖醋毒液（3份红糖、3份白醋、1份白酒、10份水，再按总量的0.1％比例加入80％敌敌畏，搅拌即成）进行诱杀；在幼虫危害期，可用毒饵诱杀，每亩用鲜草10千克切碎，再用90％晶体敌百虫10克温水溶解后喷洒在鲜草上，在棉苗出土前撒于田间，可以诱杀大量的小地老虎。

③ 人工捕捉。在清晨跟踪新危害的棉苗进行捕捉，一般在新被害苗附近表土可找出小地老虎幼虫。

④ 喷药防治。防治3龄前幼虫，用2.5％的敌杀死1 500倍液喷雾，效果达90％以上。一般在棉苗移栽的当天傍晚进行喷药，对防治小地老虎伤苗缺穴具有显著效果。

2. 蜗牛　蜗牛是一个统称，主要危害棉苗的有同型巴蜗牛、灰蜗牛、条纹蜗牛三种。蜗牛属软体动物门腹足纲蜗牛科。在南方棉区，以平原洲地发生较重，除危害棉花外，还危害油菜、玉米、蔬菜等作物。

（1）发生特点　蜗牛一年发生一代，以成贝或幼贝在土壤或作物根际越冬。3～4月开始活动，棉苗出土后，危害棉苗。将棉叶咬成缺刻或孔洞，有时咬断棉苗。卵多产于根际湿润疏松土壤中或枯叶下，经曝晒会自行爆裂，在干燥土壤中不能孵化。蜗牛喜阴湿、怕干燥，阴雨天可整天取食，天气干旱危害很轻，苗期多雨危害严重。

（2）防治方法

① 人工捕捉或放鸭啄食。

② 中耕松土曝卵。蜗牛在4～5月为产卵高峰期，此时结合中耕除草，将蜗牛的卵翻到地表，在太阳下自行曝裂。

③ 药剂防治。每亩撒施6％的密达颗粒剂0.25千克，防治效果良好。

3. 棉蓟马 危害棉花的蓟马主要有烟蓟马（棉蓟马）、花蓟马、黄蓟马三种，均为缨翅目蓟马科。长江中下游棉区以烟蓟马发生较多。除危害棉花外，还危害烟草、马铃薯、芝麻、瓜类等作物。对棉花的危害，主要是危害棉苗生长点，造成"多头棉"和"公棉花"。

（1）发生特点 棉蓟马一年常发生10多代，以成虫或若虫在葱蒜叶内侧、土块、土缝下和枯枝落叶之间越冬。第二年春天开始活动，棉苗出土后，飞迁到棉苗上危害。成虫怕阳光，白天常躲于叶背，早晚及阴天活动。一般棉田四周冬季作物多或杂草丛生，蓟马发生多，危害重；迟发棉田，棉苗幼嫩，受害重。盛夏高温干旱，危害明显减轻。

（2）防治方法

① 冬春及时清除田边、沟边杂草，减少虫源。

② 对被害的"多头棉"进行合理整枝，选留一个粗壮的芽代替顶芽，减少损失。

③ 及时喷药防治，幼苗期当百株有虫10～15头时及时进行喷药防治。

4. 棉蚜 棉蚜俗称蚜虫，属同翅目蚜虫科，是棉花生产上的主要害虫之一。棉蚜主要危害嫩头、棉叶和花蕾，造成叶片卷缩，成熟推迟，产量减少，品质降低。蚜虫除危害棉花外，对瓜类、麻类、豆类、蔬菜等都会进行危害。

（1）发生特点 棉蚜在长江流域棉区一年发生30代左右，以卵在木槿、石榴、花椒和车前草等植物上越冬，次年2～3月开始孵化，4下旬至5月上旬迁入棉田危害，并进行孤雌胎生繁殖，10月中下旬产生有翅蚜飞回越冬寄主，进行两性生殖，产卵越冬。棉蚜的成虫和若虫常聚集棉苗嫩叶背面和嫩茎上吸取汁液，刺激棉叶卷缩皱褶，影响棉株的正常生长。棉蚜的发生与气候和天敌关系密切。气温在20℃左右，相对湿度75%左右时，最适宜棉蚜的发生，当气温高于30℃时，蚜量显著下降，大雨对棉蚜有明显的暂时抑制作用。田间瓢虫、蜘蛛等天敌多时，棉蚜常发生轻，当瓢虫与蚜虫之比达到1:150时，棉蚜可以得到有效控制。

（2）防治方法 防治棉蚜的最有效措施是保护天敌，首先要采取适宜的用药方法，若选用杀伤力较强的内吸性农药时，应采取点心（用一层纱布包住喷头，在每一株棉花嫩头上点一下）施药方法；其次要选用对天敌杀伤性小的高效农药，如吡虫啉等。

5. 棉红蜘蛛 棉红蜘蛛也称棉叶螨，属蜱螨目叶螨科。红蜘蛛食性杂、繁殖力强、传播快，常群集于棉叶背面吸取叶片汁液，棉叶被害后，先是出现黄白色小斑点，以后变红，最后卷缩脱落，严重时叶片全部干枯脱落，局部或全田垮秆。除危害棉花外，还危害玉米、高粱、豆类等农作物。

（1）发生特点 一年发生14～18代，气温越高繁殖越快，28℃以上时7～8天即可完成一代。一般在杂草根部、土缝或树皮隙缝中过冬，第二年春天先在杂草上繁殖，然后转移到棉田危害。高温干旱极有利于红蜘蛛暴发成灾。危害症状通常多出现于叶片中心靠近叶柄的地方，单叶危害由中心向外发展，单株危害由下向上扩展，全田则由四周向中间扩散。

（2）防治方法

① 清除田边杂草，减少越冬场所和中间寄主。

② 统一全面防治，首先要做到田内田外一起防，不留死角；其次要求全垄全坂一齐防。因为红蜘蛛的传播速度快，特别是"小暑南风"期间，红蜘蛛随风飘扬，传播极快，要求小暑以前

打好歼灭战。

③ 喷药防治，可选用阿维菌素类杀螨剂进行防治，喷药时要重点针对叶背面喷雾，浓度要合适，水量要打足，棉株要打透。

6. 棉盲蝽　棉盲蝽也称棉盲蝽象，属半翅目盲蝽科。以绿盲蝽和中黑盲蝽发生较多。以成虫和若虫危害棉花，棉苗出土后即可被害。顶心受害变黑，干枯脱落，只剩 2 片子叶，以后长出多个乱杈，形成"破头疯"；嫩叶被害，先是出现黑褐色小点，使局部组织坏死，叶片长大后，破烂残缺，形成"破叶疯"；幼蕾、幼铃被害，干枯脱落；成铃被害，会出现很多小黑点，严重时也会脱落。除危害棉花外，还危害芝麻、豆类、十字花科蔬菜等多种农作物。

（1）发生特点　一年发生 5～6 代，以卵越冬。绿盲蝽的越冬卵多产在绿肥、海棠、石榴、木槿等茎枝表皮内，少数在蒿类杂草周围土下；中黑盲蝽的越冬卵常产于婆婆纳、苍耳、荠菜、小蓟等杂草茎秆上，也有在苜蓿、蒿类茎秆组织内。棉盲蝽喜在荫蔽、高湿棉田活动，白天多躲在叶背、苞叶及其他隐蔽处，早、晚或阴雨天外出活动危害。飞翔力强，能从远处飞向棉田。棉盲蝽不耐高温，气温 35 ℃时活动减弱，超过 40 ℃时即死亡。适温高湿荫蔽是棉盲蝽繁殖、发生、危害的有利环境，通常生长茂密、湿度大的棉田发生早、危害重。

（2）防治方法

① 铲除田边杂草，消灭越冬虫卵。

② 对多头棉进行合理整枝，减少损失。

③ 在成虫高峰期，利用双色杀虫灯进行诱杀，具有良好的效果，大面积使用效果更好。

④ 及时喷药防治，可用氧化乐果、辛硫磷等内吸性农药，浓度为 1 000～1 500 倍。

7. 棉铃虫　棉铃虫是世界性的大害虫，属鳞翅目夜蛾科。

1990 年以来，棉铃虫在全国范围内大面积暴发危害，给我国棉花生产造成了极大的经济损失。棉铃虫食性杂，寄主植物多，防治难度大。幼虫食量大，常转株危害，蛀食蕾、花、嫩铃，常造成大量的蕾铃脱落和棉铃腐烂，严重影响产量和品质。2000 年以来，为了有效地克服棉铃虫的危害，大面积推广应用了抗虫棉品种，从此，棉铃虫的猖獗危害才得到了有效控制。

(1) 发生特点　长江以南一年可发生 5 代，以蛹在土中越冬。一代幼虫多在棉田外危害，二代起大量危害棉花花蕾，三、四代严重危害蕾铃，后劲足的棉花，五代幼虫也会造成较严重的危害。成虫对黑光灯和性诱剂有较强的趋性，白天隐藏于叶背面或花冠内，黄昏开始活动，在蜜源植物上取食花蜜。卵散产于棉株上部嫩叶及苞叶上，少数在叶背、叶柄及花上。幼虫孵化后先吃卵壳，再吃嫩叶，然后蛀食花蕾和青铃。幼虫转株危害，破坏性极大。老熟幼虫在土中 5～6 厘米处筑土室化蛹，也有个别在枯铃和青铃内化蛹。温度在 25～28 ℃，相对湿度 70％ 以上时，最适合棉铃虫的发生。雨水过多，土壤处于浸水状态，往往会使蛹大量死亡。暴雨也会冲刷虫卵，降低孵化率。过分干旱，土壤板结，蛹羽化困难，发生量会减少。

(2) 防治方法

① 冬耕冬灌灭蛹。棉田冬季进行翻耕可以有效地消灭部分越冬蛹；有水利条件的地方进行冬灌闷水，杀蛹效果更好。

② 诱杀成虫。可利用黑光灯、杨柳把、性诱剂等方式诱杀成虫，防虫效果十分明显。

③ 喷药防治。在卵孵化高峰期进行喷药，采用杀虫剂和杀卵剂混合使用和交叉用药的防效较好。

8. 红铃虫　红铃虫又名棉花虫，属鳞翅目麦蛾科，是一种世界性的大害虫。红铃虫以幼虫危害棉花的蕾、花、铃及棉籽，引起蕾铃脱落和烂铃，对纤维产量和品质都有严重影响。除危害棉花外，还危害秋葵、红麻、羊角绿豆、苘麻等多种植物。2000

年以来，大面积推广应用了抗虫棉品种后，红铃虫的危害得到了有效控制。

（1）发生特点　长江中下游棉区一年发生 3～4 代，以老熟幼虫在棉花仓库、枯铃、棉籽、贮花场地和工具中越冬。各代的发生时间与棉铃虫的下一代发生的时间稍微偏早 5～7 天，有些年份比较接近，世代重叠，防治难度大，在生产上通常是棉铃虫和红铃虫同时防治。成虫有趋黑光灯习性，白天多潜伏在荫蔽处，晚上出来活动，卵散产，有时 4～5 粒至数十粒集成一块。产卵部位，越冬代在近蕾花的嫩叶背面和蕾花上，一代主要在青铃萼片上，二代主要在青铃上。第一代幼虫危害早现蕾的棉花，常形成"灯笼花"，二代幼虫危害花蕾和青铃，三代幼虫主要危害青铃和棉籽。一般一虫一花，不转株危害，蛀食青铃时，常危害一室。高温高湿适宜红铃虫的繁殖，一代发生较重的是棉仓和棉花晒场周边的棉田以及早发棉田，3～4 代以后劲足的棉田发生较重。

（2）防治方法　在棉花的花铃前期，及时进行人工摘除虫害花，以压低后代基数；推广黑光灯诱蛾；化学防治方法同棉铃虫。

9. 斜纹夜蛾　又名莲纹夜蛾，属鳞翅目夜蛾科，是世界性害虫，我国从南到北都有发生。食性杂，寄主植物 300 多种。对棉花的危害，低龄幼虫多危害棉叶，大龄幼虫常危害花蕾和棉铃。近年来，杂交抗虫棉品种在长江流域大面积推广应用，棉铃虫和红铃虫得到了较好控制，而斜纹夜蛾则成为了危害棉花蕾铃的主要害虫。

（1）发生特点　长江中下游一年发生 6～7 代，通常以第三代幼虫开始危害棉花，7 月中旬至 8 月下旬发生最多，危害最烈。成虫有趋光性，喜食糖、醋及发酵物，白天不大活动，躲于荫蔽处，晚间活动力较强，卵集产于棉叶背面。初孵幼虫群集于卵块附近取食叶肉，此时被害叶片正面出现"白斑"花纹，背面幼虫密集。2 龄后开始分散，4 龄后进入暴食期，晴热白天幼虫躲在阴暗处或土缝中，傍晚出来取食，有假死性和成群迁移性，老熟幼虫在土中作室化蛹。

（2）防治方法

① 诱杀成虫。方法同棉铃虫防治。

② 采摘卵块或初害叶片。在7月上旬至中旬，结合田间管理，对所发现的卵块和初害叶片及时进行摘除，带出田外销毁。

③ 喷药防治。选用杀伤性强的菊酯类农药，在傍晚喷施。

④ 对失防田块及时进行人工捕捉和药剂防治相结合，可在傍晚进行药剂喷雾，早晨进行人工捕捉，一般大龄幼虫早晨多在棉株顶部花冠内取食花粉，重点针对顶部花蕾进行捕捉效果很好，通常连续捕捉3～4天即能控制危害。

10. 棉叶蝉 棉叶蝉也称叶跳虫，属同翅目叶蝉科，是南方棉区的多发性害虫。棉叶蝉以成虫和若虫在棉叶背面吸食汁液，棉花被害后，初期叶尖和叶缘发黄，并向叶背卷缩，继而由叶缘向中央扩展，最后全叶变红，枯焦脱落。被害棉花常造成蕾铃脱落和棉株早衰。棉叶蝉的寄主植物多，除危害棉花外，还危害豆类、茄子、烟叶、花生、甘蔗、葡萄等植物。

（1）发生特点 长江中下游棉区一年常发生13～14代，世代重叠，以卵在蜀葵、秋葵、木芙蓉的叶柄或叶脉组织内越冬，5月下旬至6月上旬迁入棉田危害，高温干燥有利于棉叶蝉的繁殖，以8月上旬至9月上旬危害最猖獗，以后气温逐渐下降，虫量也随之逐渐减少。成虫活跃，有趋光性，常停留在棉株上部叶片背面，受惊扰后横行斜走或飞去。卵散产于棉株上部嫩叶背面中脉组织内，有时也产在叶片侧脉或叶片组织内，在一片叶片上通常可产卵3～4粒。1、2龄若虫常群集于靠近叶柄的叶片基部。

（2）防治方法 当100片叶平均有成虫或若虫100头时，应立即喷药防治，应选用内吸性农药（如辛硫磷、丙溴磷）与触杀性农药（如菊酯类）混合喷雾。用药后2～3天继续进行检查，如发现成批若虫出现，说明喷药前产的卵已孵化，应再喷一次药，效果良好。

三、棉花草害发生及防治

（一）草害对棉花生产的影响

棉田杂草种类繁多，生命力强，繁殖快，在棉田中不断消耗大量的水分和肥料，与棉花争空间、争阳光、争肥水，导致棉花生长环境变差，光照不好、养分不足，致使棉苗生长不良，发育迟缓。同时，杂草丛生，不仅破坏了棉花的正常生态环境，更重要的是成为了许多害虫的中间寄主和栖身的场所，造成棉田病虫害的加重。通常在棉花生产中，草荒苗占有较大比例，尤其是在土多劳少、棉田管理粗放的地方，草荒苗通常是棉花早发的重大障碍因素。

近年来，由于化学除草剂的大面积使用，棉花苗期的草荒现象有所减少。但有不少棉农因使用化学除草剂方法不当而造成除草剂药害，对棉苗早发也造成了一定影响。

（二）棉花主要草害发生种类及形态

棉田杂草种类很多，按其生命长短，可分为一年生、二年生和多年生三种类型。

1. 一年生杂草　在一年内即能完成生活周期，主要以种子繁殖，这类杂草比较多，棉田主要种类有：

（1）马唐（*Digitaria sanguinalis*）　又名蟋蟀草、盘棋草，禾本科，一年生草本，叶片线形至披针形，夏季抽穗，总状花序3~10枚在茎端作指状排列，每小穗含2小花，小穗有短柄。

（2）马齿苋（*Portulaca oleracea*）　又名酱板菜、牛舌头，

马齿苋科，一年生肉质草本。茎匍匐，无毛，紫红色。叶对生，倒卵状楔形。夏季开花，花小形，黄色，蒴果圆锥形，盖裂。

（3）狗尾草（*Setaria uiridis*）　又名狗尾巴草，禾本科，一年生草本。叶片阔线形。圆锥花序密集成圆柱状，形似狗尾，夏季开花。

（4）牛筋草（*Eleusine indica*）　又名大盆草、油葫芦草、千斤草，禾本科，一年生矮小草本。秆丛生，叶线形。夏季抽穗状花序，2 至数枚呈指状簇生于茎端，有时稍下生 1～2 枚；每小穗含 3～6 小花，小穗无柄。

（5）画眉草（*Eragrostis pilosa*）　又名绣花草、星星草，禾本科，一年生直立草本。秆丛生。叶片狭线形。5～6 月抽塔形较开展的圆锥花序，花序分枝，腋间有柔毛，小穗成熟后暗绿色或带紫色。

（6）藜（*Chenopodium album*）　又名灰菜，藜科，一年生草本。叶菱状卵形，边缘有齿牙，下面被粉状物。夏秋开花，花小型，聚成小簇，再排列枝上成圆锥花序。果实包于花被内。

（7）苍耳（*Xanthium sibiricum*）　又名老苍子、野落苏，菊科，一年生粗壮草本。叶有长柄，叶片宽三角形，边缘有缺刻和不规则粗锯齿。春夏开花，头状花序顶生或腋生。果实倒卵形，有刺，易附于人、畜体上到处传播。

（8）鸭跖草（*Commelin acommunis*）　又名兰花草、竹叶草，鸭跖草科，一年生草本。茎下部常匍匐地上，节上生根。叶互生，略肉质，卵状披针形，叶鞘无毛。夏秋开花，花深蓝色，聚伞花序呈叉状分枝，有盔状佛焰苞。蒴果 2 室。多生于阴湿田块。

（9）青葙（*Celosia argentea*）　又名野鸡冠，苋科，一年生草本。秋季开花，花淡红色，穗状花序呈圆柱状。

2. 二年生杂草

（1）荠菜（*Capsella bursa - pastoris*）　又名地菜、荠荠菜，

十字花科，一年生或二年生草本。基叶丛生，羽状分裂，叶被毛茸，柄有窄翅。春季开白色小花，总状花序顶生或腋生。短角果倒三角形，内含多粒种子。喜温耐寒。

（2）猪殃殃（*Calium aparine* var. *tenerum*）　又名拉拉腾、蛇壳草、麦蜘蛛，茜草科，一年生蔓草。茎纤弱，方形，有倒生小刺，触之有粗糙感。叶轮生，线形，每节 6～8 枚。春季开花，花小，绿白色，聚伞花序腋生或顶生。果实为二半球形，有钩状刺毛。

（3）苦苣菜（*Sonchus oleraceus*）　又名滇苦菜、苦菜，菊科，一年生或二年生草本。茎直立，顶端具稀疏的腺毛。叶互生，狭长椭圆形，羽状分裂，边缘具不整齐的刺状尖齿，基部叶有短柄，茎生叶无柄而成耳形抱茎。春夏间开黄色花。

（4）繁缕（*Stellaria media*）　又名鹅肠草，石竹科，一年生小草本。茎纤弱，平铺地面。叶对生，卵形。春夏开花，花小形，白色，聚伞花序。花瓣深 2 裂，花柱 3 枚。

3. 多年生杂草

（1）苣荬菜（*Sonchus brachyotus*）　又名匍茎苦菜、苦荬菜、野莴苣，菊科，多年生草本，具匍茎。地上茎直立，高不及1 米。叶互生，长椭圆状披针形，具稀疏的缺刻或浅羽裂。秋季开花，花黄色。

（2）蒲公英（*Taraxacum mongolicum*）　又名黄花地丁，菊科，多年生草本。全株含有白色乳汁。叶丛生，匙形或狭长倒卵形，边缘羽状浅裂或齿裂。冬末春初抽花茎，顶端生一头状花序，开黄色舌状花。果实成熟时形似一白色绒球，有毛的果实随风飘散。

（3）小蓟（Cephalanoplos segetum）　又名刺儿菜、刺蓟，菊科，多年生草本。叶互生，卵形或椭圆形，边缘有刺，两面有白色丝状毛。头状花序顶生，夏季开紫红花。

（4）香附子（*Cyperus rotundus*）　又名莎草、旱三棱，莎

草科，多年生草本。地下有纺锤形的块茎。茎直立，三棱形。叶片线形，排列成三行。穗状花序成指状排列，夏季开花。

（5）荆三棱（*Scirpus yagara*） 又名三棱草，莎草科，多年生沼泽草本，地下茎匍匐，节膨大成块状。茎直立，三棱形。叶互生线状披针形。夏季开花，花小，聚生成小穗，小穗多数生茎端或一侧成伞状复聚伞花序。

（6）狗牙根（*Cynodon dactylon*） 又名绊根草、草板筋，禾本科，多年生草本。秆常匍匐地面，节着土易生根，生命力极强。初夏抽花穗时，秆始上伸，顶生 3～6 枚穗状花序排成指状，夏秋开花。

（7）喜旱莲子草（*Alternanthera philoxeroides*） 又名水花生、革命草，苋科，多年生匍匐水生草本。茎光滑有节，下部节上生不定根，生命力极强。叶对生，卵状披针形，先端尖或钝形。头状花序腋生或顶生，具长柄；苞片及花被均白色。胞果圆卵形。

（三）棉花主要草害综合防治

1. 农业防治 主要通过采取稻、棉轮作的方法，改变田间生态环境，从而达到防除杂草的目的，通常 2～3 年一轮换，对防治杂草具有良好的效果。

2. 生物防治 在棉花移栽成活后，当棉苗有 6～7 片叶、苗高 25 厘米以上时，可放鸭群进棉田，饲食大量禾本科杂草。

3. 物理防治 主要是进行人工锄草。在整地锄草时，可推广整"二板地"的方法消灭杂草，即在播种前 20～30 天把棉地整好，创造良好条件让杂草尽量萌发，待棉花播种前 3～5 天，再进行一次锄草，把杂草消灭在播种之前。这样可以减轻棉花苗期的杂草危害。

4. 化学防治

（1）正确选择化学除草剂（表 7-12）

表 7 - 12　棉田常用化学除草剂种类及使用参考表

通用名	商品名	化学名	作用	使用方法	防治对象
精喹禾灵 吡氟氯草灵	精禾草克 盖草能	芳氧苯氧丙酸类	选择性除草剂	棉花苗期大田喷施	禾本科杂草
氟乐灵 地乐胺 二甲戊乐灵	茄科宁 双丁乐灵 除草通	二硝基苯胺类	芽前土壤处理剂	棉花播种后出苗前使用	一年生禾本科杂草
甲草胺 乙草胺 异丙甲草胺 丙草胺 丁草胺	拉索 禾乃斯 都尔 打弗特 去草胺	酰胺类	芽前土壤处理剂	棉花播种后出苗前使用	所有杂草
敌草隆 除草剂1号 灭草隆 伏草隆	地草净 除草剂1号 灭草隆 伏草隆	取代脲类	芽前土壤处理剂	棉花播种后出苗前使用	一年生杂草
草甘膦	农达	有机磷类	灭生性除草剂	空田杀草、蕾铃期保护性定向喷雾	所有杂草
百草枯	克芜踪	吡啶类			

① 选用芽前除草剂。直播棉在播种后出苗前，可选用芽前土壤处理剂进行喷雾，整地移栽的棉花在移栽后，也可以采取定向喷雾的方法，在棉花行间喷施芽前土壤处理剂，如：地乐安、拉索、都尔、敌草隆等。

② 使用选择性除草剂。在棉花育苗阶段和棉苗移栽到大田现蕾之前，通常田间禾本科杂草如马唐、牛筋草、稗草、狗尾草等大量发生。人工除草常受到雨天的制约，由于棉苗幼小，不能使用灭生性的除草剂。因此，只能选用选择性强的除草剂，既能

除掉杂草，又能确保棉苗安全。如：精禾草克、盖草能等。

③ 巧用灭生性除草剂。冬闲棉田和油菜田的杂草比较多，在棉花移栽前，可以使用灭生性除草剂进行化学除草，实行免耕移栽；在棉花现蕾后，当棉花株高达到 35 厘米以上时，对棉田杂草也可利用灭生性除草剂进行定向喷雾杀灭，但是，要进行防护，避免药液飘到棉叶或茎秆上而产生药害。通常使用的化学除草剂有草甘膦、百草枯等。棉花移栽后，尽量不要选用百草枯类除草剂，以免产生药害。

（2）科学使用化学除草剂

芽前除草剂的使用方法：棉花播种前（也可在播种后出苗前、移栽前）做土壤处理，土壤翻耕整平后进行喷药。一般亩用 48％氟乐灵乳油 200 克，或 5％乙草胺乳油 200 克，或 48％拉索乳油 200 克，或 25％敌草隆可湿性粉 200 克，或 48％地乐安乳油 100～200 毫升，或 72％都尔乳油 100～200 毫升对水 25～30 千克喷雾。

选择性除草剂使用方法：在田间杂草叶龄 3 叶期至 6 叶期，一般每亩用精禾草克 50～60 毫升或高效盖草能 20～30 毫升，对水 25～30 千克喷雾。喷头无需加防护罩，施药 4 小时后下雨不影响药效，但是高温天气最好在上午 10 时前或下午 4 时以后施药。

灭生性除草剂使用方法：空闲田和油菜田除草应在棉花移栽前 15～20 天进行，亩用 41％草甘膦水剂 100～200 毫升，对水 20～30 千克喷雾，待杂草全部死亡后打孔移栽棉花。当棉花现蕾后株高达到 35 厘米以上进行化学除草时，喷头上一定要加漏斗型防护罩，而且应选无风天施药，施药时将喷头尽量压低，以免药液飘到棉叶或茎秆上而产生药害，对于紧贴棉株的杂草，可以先用脚踩倒后喷药。每亩用 41％草甘膦水剂 100～200 毫升，或 10％草甘膦水剂 450～900 毫升对水 25～30 千克进行棉花行间定向喷雾。

第八章

棉花超高产栽培的示范实例与管理模式

第一节 棉花超高产栽培的示范实例

棉花超高产栽培在江西省都昌县已进行了成功实践。该县通过示范推广棉花超高产栽培技术，棉花单产实现了飞跃性发展，2001 年前全县皮棉平均单产不足 75 千克/亩，超高产栽培技术推广后，2005—2006 连续两年全县平均皮棉突破 120 千克/亩，超高产栽培示范片和示范户绝大多数皮棉单产超出了 150 千克/亩，并出现了一批籽棉亩产超千斤* 的典型高产田块和高产农户。

一、棉花超高产栽培示范户

（一）棉花劳模的棉花超高产经验

2001 年被评为江西省劳动模范的都昌县北山乡松峦村棉农邵国初，继 1995 年创造了"二亩八分田，收入超万元"棉花高产高效典型（《江西农业科技》1995 年第 4 期报道）之后，在县棉花生产办公室的技术指导下，热衷于棉花超高产栽培实践，又成为全县棉花生产中的典型超高产户。

---

* "斤"为非法定计量单位。1 斤＝500 克。

1. 基本情况　邵国初同志，常年植棉面积 12 亩左右，其中：可灌溉棉田 10 亩左右，无灌溉条件的棉田有近 2 亩。自从 2002 年开始进行棉花超高试验示范起，皮棉亩产连续 5 年超出 150 千克，其中 2005 年有一块 0.42 亩的方型棉田，种植的品种为慈抗杂 3 号，实收籽棉 238 千克，亩产籽达到了 567 千克，折合皮棉亩产 226 千克，而且霜前花率达到了 92%。5 年来，播种期均为"清明"前后抢晴播种，平均播种期为 4 月 7 日，平均现蕾期为 6 月 4 日，伏前桃平均超出了 8 个，平均株高 130 厘米左右，平均果枝层数达 19.6 层。

2. 技术经验

（1）主攻目标　前期促早发，带八桃入伏；中期抓稳长，伏桃挂满腰；后期保劲足，秋桃早盖顶。

（2）技术措施　做到了"五个坚持"。

① 坚持深翻改土，注重了增施有机肥。深翻改土是实现棉花持续超高产的重要措施，邵国初家的 12 亩棉田，除油菜田外，基本上在冬季翻耕，结合棉田翻耕埋施猪牛栏粪、作物秸秆、土杂肥等有机肥，有效地培肥了棉田土壤。

② 坚持配方施肥，注重了肥料科学搭配。在认真搞好氮、磷、钾科学搭配的基础上，他还做到了两个重视：一是重视了有机肥的施用，平均每亩棉田饼肥的用量不少于 60 千克，从而有效地增强了棉株的长势；二是重视了硼肥的施用，由于市场供应的原因，都昌县在 2003 年前连续有 5 年左右没有农用硼砂供应，市面上供应的都是硼泥，硼的含量极低，造成了不少棉花明显缺硼现象，从 2003 年起，我们统一组织了高效硼肥持力硼（含量 17%）、速乐硼（含量 21%）的试验示范，试验结果非常显著，棉花的结铃率明显提高。2004 年起，邵国初就积极推广应用持力硼和速乐硼，一直坚持使用至今，每亩平均施用持力硼 200 克（埋蕾肥时施用），喷施速乐硼 50 克（花铃期喷施），从而有效地降低了棉花的蕾铃

脱落。

③ 坚持科学除草，注重了化学除草与人工除草相结合。在棉花苗期，经常有不少棉农因化学除草剂使用不合理而导致棉苗发生除草剂药害，邵国初认真借鉴了这些经验教训，变完全依赖化学除草为人工除草和化学除草相结合。在蕾期以前，坚持人工除草为主，这样既消灭了杂草，又进行了中耕松土，改善了棉田土壤的通透性，对促进苗期根系的生长非常有利；在现蕾以后，则以化学除草为主，既节省了除草成本，提高了除草效果，还避免了因中耕除草而损伤根系和果枝现象。

④ 坚持化学调控，注重了肥促化控相结合。在化学调控方面，邵国初做到了肥促化控相结合，除苗床化控防高脚苗以外，每次化控都在施肥后的 3～5 天进行。埋蕾肥后的 4 天左右进行蕾期化控，剂量因苗势而定，一般每亩用 25％助壮素 2～4 毫升；埋花铃肥后 4 天左右进行花铃期化控，一般每亩用 25％助壮素 4～6 毫升；最后一次化控在打顶心后 10 天左右进行，一般每亩用 25％助壮素 5 毫升左右，防止棉株中下部荫蔽烂桃。

⑤ 坚持合理灌溉，注重了在旱象露头之前灌溉。他坚持了及时灌溉，每次灌溉都抢在了旱象露头之前进行，真正做了灌丰收水而不灌救命水，始终保持了棉株旺盛的长势，有效地延长了棉花的有效结铃期和结铃高峰期。

（二）七旬老人的棉花超高产经验

曹灯元老汉家住都昌县蔡岭镇东风村曹炎自然村，虽是古稀老人，说起种棉花，他浑身都是劲，谈起棉花超高产栽培，他像小伙子一样更是来劲。他自 2003 年起，年年进行棉花超高产栽培示范，他家植棉 6.5 亩，连续 4 年平均亩产籽棉超 400 千克，其中：2006 年的一块 1.4 亩超高产示范田籽棉总产量达 710 千克，平均亩产籽棉达 507 千克。

1. 基本情况 曹老汉 2006 年种植的棉花品种以先杂棉 1 号为主，该品种长势强，后劲足，桃子大，但高温季节坐桃稍差。同时还种植了少量上桃快、早发早熟、结铃集中的泗抗 3 号品种。3 月 28 日进行播种育苗，4 月 22～23 日移栽，种植密度在 1 500 株左右，平均行距 1.3 米，株距 35 厘米左右，5 月 28 日现蕾，6 月 23 日始花，8 月 7 日打顶心，平均果枝层数达 20.5 层，平均单株结铃 58 个。

2. 技术经验 做到了"二个合理、三个科学"。

（1）品种合理选择 他所选用的先杂棉 1 号品种具有良好的增产潜力，该品种易早发，不早衰，棉铃大，衣分高，品质优，种子的发芽势好，出苗整齐健壮，幼苗期抗逆性强，对苗病和低温寒害都有较强的抗性，苗期生长快，前期根系发达，营养生长势比较旺盛，茎秆粗壮坚硬，抗倒伏性好。在生产上表现出前期营养生长比较旺盛、上桃相对较分散，盛结伏桃、猛结早秋桃，充分利用了早秋的最佳结铃时期。

（2）密度合理配置

一是根据气候条件确定种植密度：都昌县蔡岭镇无霜期长、积温多、气候湿润、雨量充沛，棉株的个体通常发棵较大，他根据这些情况适当降低了种植密度，实行了宽行稀植。

二是根据肥水条件确定种植密度：曹老汉家的棉田有两种类型，一种是水改旱棉田（水稻土），土质肥沃，水利条件较好，常年棉株生长旺盛，单株所占空间较大，有时还会出现徒长趋势，对这种棉田进行了宜适度稀植，一般密度控制在了 1 500 株/亩左右；另一种是可灌旱地，土质比较瘠薄，灌溉条件稍差，常年棉株生长偏弱，个体发棵较小，对这类棉田进行了适度密植，一般种植密度控制在 1 600～1 800 株/亩。

三是根据品种特性确定种植密度：泗抗 3 号株型紧凑，早发早熟，叶片比较小，节间比较密，果枝比较短，植株相对比较矮小，单株所占空间相对较小，透光率比较高，适当提高了种植密度；先杂棉 1 号株型较为松散，中发晚熟，叶片比较大，节间比较稀，果枝比较长，植株也比较高大，适当降低了种植密度。

（3）肥料科学运筹　科学肥料运筹是实现棉花超高产的关键。在运筹肥料时，他注重了三个问题：一是注重了肥料元素的合理搭配，要做到氮磷钾结合、化肥与有机肥结合、大量元素与微量元素结合，每亩饼肥施用量均不少于 50 千克，氮磷钾施用的比例也比较得当，同时还注重了硼肥的施用，每亩施用了高效硼肥（含量 17％以上）400 克；二是注重了肥料的最佳施用量，做到以土定产，以产定肥，以氮定磷钾；按照目标产量要求，每亩施用了饼肥 50 千克，45％高含量复混肥 22.5 千克，尿素 55 千克，钙镁磷肥 40 千克，氯化钾 20 千克，高含量（17％）硼肥 200～400 克；三是注重了各生育阶段的肥料分配，做到了基肥足、苗肥轻、蕾肥稳、花铃肥重、盖顶肥猛、壮桃肥巧，在肥料种类分配上，基肥以有机肥为主，主要是土杂肥和厩肥，苗床培每亩大田苗床用了 1 千克 45％复合肥，移栽肥每亩用了 45％复合肥 6.5 千克、钙镁磷肥 10 千克，肥提苗肥以速效性农家肥为主，5 月 30 日埋蕾肥，每亩埋施了枯饼 50 千克、45％复合肥 15 千克、钙镁磷肥 30 千克、氯化钾 7.5 千克、持力硼 400 克，6 月 28 日埋花铃肥，每亩埋施了尿素 20 千克、氯化钾 12.5 千克，7 月 30 日施盖顶肥，每亩施用了尿素 15 千克，壮桃肥施用了两次，8 月 20 日亩施用尿素 12.5 千克，9 月 5 日亩施用尿素 7.5 千克。

（4）棉田科学灌溉　在棉田灌溉上，他做到了灌丰收水而不灌救命水，每次灌溉都抢在"旱象"出现之前进行，灌水的时间比传统指标提前了 2～3 天，保证了棉花在整个花铃期始终保持较为旺盛的长势，尽最大努力延长了结铃高峰期和有效结铃期。

在灌水方法上也做到三点：一是做到了沟灌，杜绝了大水漫灌；二是做到了夜灌，杜绝了晴热高温中午灌水；三是做到了湿润灌溉，杜绝了屯水过昼。

（5）棉株科学化控

① 掌握了化学调控的原则。一是根据棉株长势进行调控，做到了控强不控弱；二是根据生育进程进行调控，抓住各个生育时期的主要矛盾，该控的控，该调的调；三是根据肥水条件进行调控，做到控肥促瘦；四是根据品种特性进行调控，做到控松散高大而不控紧凑矮小；五是根据天气情况进行调控，做到控雨不控晴、控湿不控旱。

② 掌握了化学调控的方法。一是选准了化学调控的剂型，苗床防控高脚苗，选用了15％的多效唑，大田化控选用了25％助壮素；二是把握了化学调控的剂量，做到了"少量多次"，控制了每亩25％助壮素总量在15毫升以内，每次化控剂量在5毫升以内；三是抓住了化学调控的适期，棉花化学调控的时间与调控的效果关系较为密切，抓住适期进行调控十分关键。他做到了适当超前化学调控的时间，坚持了以"防"为主。

（三）旱地棉花超高产栽培的典型农户

都昌县蔡岭镇西镇一组有个叫王艳生的棉农，近年来在棉花超高产栽培上颇有招术，尤其是在旱地棉花超高产栽培方面取得了成功的经验，2006年他创造了旱地植棉亩产430千克的高产典型。

1. 基本情况　王艳生2006年旱地种植的棉花品种为金农棉2号，该品种早发性好，易保苗，前期长势强，后劲足，桃子较大，前期上桃快，高温季节坐桃好，根系发达，耐旱性较强。所调查的田块为 1.6 亩，为可灌旱地，水利条件一般，一般年份在干旱季节能灌到 3～4 次水。4 月 1 日进行播种育苗，4 月 28 日移栽，种植密度在 1 600 株/亩左右，平均行距 1.3 米，株距 30～35 厘米，5 月 30 日现蕾，6 月 24 日始花，8 月 5 日打顶心，平均果枝层数达 18.5 层，平均单株结铃 54 个，亩总成铃数达 8.64 万个。

2. 技术经验

（1）技术目标　千方百计狠抓早发，努力实现"多结伏前桃，盛结伏桃，争结早秋桃"的技术目标。

（2）技术措施　坚持了"四抓促早发"。

① 选用良种促早发。选用早发早熟、上桃快、结铃集中的品种是旱地植棉夺高产的重要技术环节。金农棉 2 号品种的早发早熟性相当好，而且在高温季节结铃优势比一般品种强。同时该品种的长势比较强，前期易抓早发，伏前桃较多，在伏桃和早秋桃结铃期间有两个明显的结铃高峰，第一个高峰在 7 月 20 日至 8 月 5 日之间，成铃日增长量在 0.8 个/日左右，第二个高峰期在 8 月 20 日至 9 月 10 日之间，成铃日增长量在 0.6 个左右。王艳生旱地植棉正好是选用了金农棉 2 号。

② 早播早管促早发。早播早管是王艳生旱地棉花超高产栽培的重要经验。他近几年来一直坚持适当早播，一般要比人家早播 5～7 天，2006 年大部分棉农的播期为 4 月 6～10 日之间，而他在 4 月 1 日全面结束了棉花播种；在田管上非常主动，始终坚持了一个"早"字，做到了早查苗补缺、早中耕松土、早施肥提苗、早清沟排渍、早防病虫害。从而，奠定了棉花早发的基础。

③ 肥水调控促早发。科学的肥水管理和化学调控是王艳生棉花超高产栽培的主要经验。

在施肥方面，结合旱地棉花早发的特性，把肥料适当进行了"前移"，他的施肥记载见表 8-1。

表 8-1 棉农施肥情况调查表

项目	苗床肥	移栽肥	提苗肥	蕾　肥	花铃肥	盖顶肥	壮桃肥
时间	3/25	4/28	5/8	5/28	7/1	8/2	8/25
肥料种类及数量	亩用45%复混肥0.75千克	亩施45%复混肥7.5千克、磷肥10千克	亩点施水粪5～6担	亩埋施饼30千克、磷25千克、钾10千克、尿素10千克、硼肥400克	亩埋施尿素20千克、氯化钾10千克、猪栏肥500千克	亩撒施尿素15千克	亩撒施尿素10千克

在灌溉方面，他积累了三条经验：一是主动灌丰收水，在有水灌溉的情况下，抢在旱象露头之前及时灌溉；二是秸秆覆盖保水，在棉花行间进行稻草覆盖，减少土面水分蒸发，增强棉地土壤保水能力；三是畦沟作档蓄水，在伏秋干旱期间，在所有旱地棉花畦沟中进行打"竹节档"，减少雷阵雨后地表径流，有效地增加了棉田土壤的蓄水量。

在化控方面，坚持了适度轻控的原则，做到了肥促与化控相结合，控制株型与调节营养相结合。每亩25%助壮素的总用量为10毫升，盛蕾初花期5毫升，打顶心后10天左右5毫升。

④ 主动防治促早发。一是注重了苗期病害的防治，全面做到了钵面消毒和盖子土消毒，齐苗后及时进行了晒床降湿，全面喷洒了硫酸铜制剂进行保苗，移栽前全面打了一次超级送嫁药，将治虫、防病的农药一起进行混合喷雾，确保了苗期没有出现病害；二是注重了小地老虎的防治，在移栽的当天傍晚，全面喷雾了一次1500倍2.5%的敌杀死，每亩用药45毫升对水30千克；三是注重了棉蓟马和棉盲蝽的防治，做到了以预防为主，及时用药，尤其是对苗期棉蓟马和蕾期棉盲蝽的防治抓得非常到位，在近年来棉蓟马和棉盲蝽危害比较严重的情况下，基本上没有出现"无头棉"、"多头棉"、"破叶疯"等危害症状；四是

注重了棉红蜘蛛的防治，选用了防效好的阿维菌素进行防治，做到了早发现早防治，打细打透，田边田岸一同打，并做到了及时铲除田头地边杂草，有效地抑制了红蜘蛛的危害；五是注重了斜纹夜蛾的防治，7月上旬及时进行了田间卵块摘除，并及时进行了药剂防治，做到了打早打小，把斜纹夜蛾全面歼灭在了转叶扩散之前。

二、左里镇的棉花超高产自然村

在都昌县左里镇出现了不少的棉花超高产村，其中付桥村下万自然村是左里镇棉花超高产村的典型代表。下万村位于新妙湖边，全村有农户12户，常年植棉面积120亩左右，户均植棉10亩左右，是个典型的棉花大村。2005—2006连续两年百亩集中连片平均籽棉单产突破400千克/亩，高产经验远近闻名。

我们来到该村进行生产调研时是2007年初，左里镇农技站站长陪我们找到该村村长和几位村民代表，在交谈时，他们指着贴在墙壁上的一张技术材料很恳切地说："其实我们什么经验也没有，要说经验也是你们给的，都是你们农业局棉办和农技站送技术上门，我们才有了高产经验，我村大部分群众都是按照这个技术材料做的。"

自2005年都昌县开展农业科技入户以来，棉花超高产栽培技术也就成了科技入户的重要内容之一，作者担任科技入户项目专家组长，始终把棉花超高产栽培技术推广列入了农业科技入户的工作范畴。农民所指的那张技术材料就是都昌县棉花超高产栽培技术要点。

（一）科学选用良种

有灌溉保障的棉田应选用金农棉2号、先杂棉1号、湘杂棉3号、三杂棉4号、楚杂180等后劲足的品种，水利条件稍差的棉地应选用泗抗 3 号、慈抗杂 3 号等早发性好的品种。

（二）适时播种移栽

营养钵育苗，一钵播种一粒。一般可在 4 月上旬抢晴播种，5 月上旬适时移栽。

（三）合理确定密度

可灌溉棉田一般亩种 1 500 株左右为宜，行距 1.2～1.3 米，株距 0.3～0.35 米，实行单畦等行种植，水肥条件稍差的棉田一般亩种 1 800 株左右为宜，行距 1.1～1.2 米，株距 0.3～0.35 米，实行单畦等行种植。

（四）实行科学施肥

按照亩产 800 斤籽棉产量要求，一般每亩应施饼肥 100～120 斤、磷肥 60 斤、钾肥 45 斤、尿素 100～120 斤、45％复合肥 15 斤、持力硼 400 克、硫酸锌 1 斤。施肥的时间和方法如下：

1. 苗床培肥 每 30 米^2 苗床施 45％复合肥 2 斤。

2. 移栽肥 亩用 45％复合肥 13 斤撮施于移栽穴底作安家肥。

3. 蕾肥 亩用磷肥 60～70 斤，饼肥 80 斤，钾肥 25 斤，尿素 15 斤，持力硼 400 克，锌肥 1 斤，于现蕾期混合埋施于棉行作当家肥。

4. 花铃肥 亩用枯饼 40～50 斤，尿素 40 斤，钾肥 20 斤，于 7 月 10 日前后混合埋施于棉行攻桃。

5. 盖顶肥 在打顶前（8 月初）结合灌溉施尿素 20～30 斤，促秋桃盖顶。

6. 壮桃肥 在 8 月下旬根据长势再酌情追施 15～20 斤尿素，9 月 5 日前后若棉花花蕾和幼铃较多，还应亩施尿素 10～15 斤，促桃多桃大。

（五）注意及时抗旱

进入伏秋季节，应及时进行抗旱。杂交棉需水量大，一般抗旱时间比常规棉应提前 2～3 天，充分发挥其丰产特性。要求抢在旱象露头之前及时抗旱，灌丰收水，不灌救命水。

（六）提倡合理化控

杂交抗虫棉对助壮素十分敏感，要求做到轻控或不控，一般只要在盛蕾初花期亩用 3 毫升 25%助壮素对水 20 斤控一次就行，对长势偏旺的棉田应在盛花期和打顶后各进行一次化控，每次化控的剂量为 5 毫升 25%助壮素。

（七）做到适时打顶

打顶时间一般在 8 月 5 日左右为宜，旱地棉花打顶时间应适当提前 5～7 天，要求先施盖顶肥再进行打顶。

（八）掌握治虫原则

抗虫棉对棉铃虫和红铃虫有较好的抗性，对蚜虫、红蜘蛛、盲椿象、叶跳虫、斜纹夜蛾等应加强防治，对棉铃虫的防治标准是：治虫不治卵，一般以百株有 3 龄以下幼虫 5～7 头就应及时用药防治，通常二、三代棉铃虫不需防治，对四、五代棉铃虫要按标准加强防治，正常情况下对棉铃虫防治 3～4 次。

三、都昌县第一个棉花超高产栽培示范片

江西省都昌县棉花生产办公室，从 2003 年起就开始了棉花超高产栽培试验示范工作，作者从 2003 年起，连续 2 年进行了 50 亩的超高产栽培示范，2 年平均籽棉单产 380 千克/亩，皮棉单产突破了 150 千克/亩，第一个棉花超高产栽培示范片初见

成效。

（一）基本情况

示范片位于蔡岭镇曹炎村，土壤类型为水改旱棉田，土壤肥力中等，灌溉条件好。2003 年示范品种为中棉所 29，平均籽棉单产为 405 千克/亩，折合皮棉单产 158 千克；2004 年示范品种为金农棉 2 号，由于受到 8 月上旬的"云娜"台风影响，第11～14 层果枝蕾铃脱落比较严重，对棉花单产造成了一定影响，但籽棉平均单产仍然达到了 356 千克/亩，折合皮棉 142 千克。

（二）技术经验

1. 选用优良品种是实现超高产栽培的前提 实现超高产栽培，应选用结铃性强、桃子大、生长优势强、早发性好、后劲足的品种。2003 年选用了中棉所 29，该品种的优点是桃子较大、稳产性好，缺点是后劲不足，顶部果枝易脱接，不宜作为超高产栽培的品种，虽然取得了比较高的平均单产，但是没有出现籽棉单产 500 千克/亩以上典型高产户或高产田块，"老天帮忙"是高产的重要原因之一；2004 年选用金农棉 2 号，该品种桃大桃多、后劲足、优势强，非常适宜作为超高产栽培品种，虽然平均单产低于 2003 年，但出现了多个单产 500 千克/亩籽棉的高产田块，而且弥补了 8 月上旬特大台风所造成的损失。

2. 科学地确定密度是实现超高产栽培的基础 实现超高产栽培必须在保证群体增产的基础上，充分发挥棉花个体增产优势。在种植密度上实行"扩行减株"，一般种植密度在 1 500～1 800株/亩之间为宜。在密度配置上实行"等行种植"，把原来的"一组二行"、"二组四行"的宽窄行种植方式改为"单畦等行"种植，即一畦种一行，行距 1.2 米，株距 0.3～0.4 米。这样较好地协调了个体和群体的矛盾，改善了通风透光条件，减少了基部烂桃，提高了纤维品质，而且较好地解决了以往"宽窄行"种植窄行坐桃少棉株受力不平衡所造成的倒伏问题。

3. 优化结铃模式是实现棉花超高产栽培的关键 棉花超高产栽培的理想结铃模式是：达到生理结铃高峰期和生态结铃高峰期吻合，实现结铃模式在最佳时间和空间上的统一，最大限度地延长棉花的有效结铃期。都昌县棉花有两个明显的结铃高峰期：第一个高峰期在 7 月 5 日至 8 月 5 日，峰值为 1.5 左右，平均成铃日增长量在 0.8 个左右；第二个高峰期在 8 月 5 日至 9 月 10 日，峰值为 1.2 左右，平均成铃日增长量在 0.6 个左右。常年棉花的有效结铃期从 6 月 25 日至 9 月底，总天数可达 95 天以上。优化结铃模式的主要措施是：

（1）适时播种 在确保一播全苗的基础上适当早播。冬闲田可在 3 月底至 4 月初抢晴播种，采用双膜育苗；前作为油菜的可以适当迟播，一般可在 4 月 5 日至 4 月 10 日抢晴播种，4 月 15 日全面结束播种。

（2）适龄移栽 移栽的苗龄掌握在 1 个月左右，叶龄一般在 3 叶一心，5 厘米地温达到 18 ℃时进行移栽为宜。移栽时要栽紧栽稳，大小苗分栽，边起苗边移栽，不栽隔夜苗，不栽破钵苗，不栽露肩苗，雨天不栽苗，做到高质量移栽。

（3）科学施肥 棉花的施肥总量一般为：饼肥 50～60 千克/亩、尿素 50～60 千克/亩、钙镁磷肥 30～40 千克/亩、氯化钾 20～25 千克/亩、45%复合肥 7.5 千克/亩、高效硼肥（含量 17% 以上的）200～400 克/亩。施肥方案为：

① 苗床肥：每 30 米² 苗床用 1 千克 45%复合肥培肥床土，制钵前均匀施于苗床，与床土混合均匀即可开始制钵。

② 安家肥：移栽时用 45%复合肥 6.5 千克/亩均匀撒施于移栽穴底，然后再进行栽苗。

③ 蕾肥：也称当家肥，一般在第四层果枝出现时（6 月 10 日前后），亩用饼肥 30～40 千克、尿素 5～7.5 千克、钙镁磷肥 30～40 千克、氯化钾 12.5～15 千克、高效硼肥 200 克混合埋施

于棉畦中，在离棉蔸 25～30 厘米处开沟埋施。

④ 花铃肥：7 月 10 日至 15 日，当棉花单株坐住 5～7 个大桃时，亩用尿素 20 千克、氯化钾 7.5～10 千克、饼肥 20 千克、高效硼肥 200 克混合埋施于棉畦的另一边，在离棉蔸 35～40 厘米处开沟埋施。

⑤ 盖顶肥：8 月 5 日棉花打顶心前，结合灌溉，亩用尿素 15 千克均匀撒施于棉畦沟内。

⑥ 壮桃肥：8 月 25 日前后，结合灌溉，亩用尿素 10 千克趁潮撒施棉畦沟内。9 月 5 日前，当棉株花蕾和幼铃较多时，还可亩施尿素 5～7.5 千克，促顶桃长大。

（4）适度轻控　杂交抗虫棉的结铃性强，营养生长相对偏弱，生产中对助壮素十分敏感。因此，提倡适度轻控，通常 25％助壮素总量应控制在 15 毫升/亩以内，每次化控的最大剂量应控制在 5 毫升/亩以内。要使棉花的株高达到 120～135 厘米，果枝达到 18～21 层。一般蕾期化控剂量为 2～3 毫升/亩，初花期为 3～4 毫升/亩，盛花期为 4～5 毫升/亩，打顶后 5 毫升/亩。生长不旺的棉花宜轻控或不控。

（5）及时灌溉　灌溉与抗旱是两个不同的概念，灌溉是在旱象未出现之前进行灌水，抗旱则是在旱象出现之后进行灌水，前者是主动积极的，后者是被动无奈的。一旦棉花出现旱象，说明棉株已经受到了伤害，长势已经削弱，所以要求做到灌溉在旱象出现之前。一般从 7 月 15 日到 9 月底，应始终保持棉田湿润，一旦出现土壤发白、土块变硬时就应及时灌溉。决不能等到棉株受旱萎蔫时才进行灌水。通常所说的"要灌丰收水，不灌救命水"就是这个道理。

4. 抓住病虫防治是实现超高产栽培的保证　棉花的田间生长时间长，一生所遇到的病虫害很多，近年来推广抗虫棉品种，虽然有效地抑制了棉铃虫和红铃虫的猖獗危害，但是一些非靶标性害虫危害仍然比较猖獗。棉红蜘蛛、斜纹夜蛾、棉盲蝽等害虫已上升到了主防地位。在棉花的病虫防治中，要抓住主要矛盾，突出防治重点，掌握防治指标，实行科学防治。对第三、第四代棉铃虫的防治切不可掉以轻心，一旦达到防治指标，必须及时进行化学防治。

第二节　棉花超高产栽培的管理模式

随着抗虫棉和塑料薄膜育苗等一系列规范化栽培技术的推广应用，棉花产量不断提高，并涌现了许多小面积单产籽棉 500 千克/亩以上的超高产典型。说明依靠科学技术进一步提高棉花产量的潜在可能性和现实性。在总结棉花超高产典型的基础上，草拟籽棉单产 400 千克/亩以上超高产管理模式，供广大棉农植棉参考。

一、棉花育苗管理模式

（一）选用良种

红壤丘陵棉区和肥水条件较差的棉地，应选用早发性好、前期结铃集中的早中熟品种。如：泗抗 3 号、慈抗杂 3 号。

平原洲地棉区应选用前期抗病性好、易保苗、后劲足的品种。如：先杂棉 1 号、楚杂 180、中棉所 48、三杂棉 4 号等。

水改旱棉田应选用前期结铃集中，后期宜攻后劲的高产品种。如：先杂棉 1 号、楚杂 180、金农棉 2 号、慈抗杂 3 号、赣棉杂 1 号、湘杂棉 3 号等。

（二）苗床选择与培肥

1. 苗床选择　棉花苗床应选择在排水良好、土质肥沃、避风向阳、无枯萎病的地块。为了便于移栽时运苗，也可选择在本田做钵育苗。采取本田育苗的，苗床应尽量安排在田埂边比较滤水的地方；枯萎病比较严重的田块，不宜作为育苗苗床。

2. 苗床面积 按每亩制钵 2 500 个左右计算，需苗床面积 20 米² 左右，一般每亩棉花预留苗床规格为：宽 2 米（包括沟），长 10 米。通常实际苗床宽 1.2 米，每行摆钵（7 厘米钵径）17～18 个，床埂 10 厘米，苗床沟宽 30 厘米，长度以摆满 145～150 行营养钵为宜。

3. 苗床培肥 培肥苗床是实现壮苗的重要环节，苗床营养土要求有机质含量达到 1.5% 以上，速效氮 120 毫克/千克以上，速效磷 15 毫克/千克以上，速效钾 100 毫克/千克以上。苗床培肥方法有两种：一是隔冬培肥，将预留的苗床冬前挖松，每 20 米² 浇施腐熟的人粪尿一担进行培肥，开春后不宜浇施水粪，以免引发苗病；二是在制钵前培肥，一般每 20 米² 苗床撒施 45% 高含量复混肥 1 千克，与床土充分和匀后再进行制钵，也可以在制钵前 3～5 天浇施沼肥（沼液）进行培肥，但是不宜浇施太多，以免苗床土壤太湿影响制钵。

（三）科学确定播种期

1. 根据气温确定播种期 棉花种子正常发芽出苗所需要的温度为 16℃，长江中下游棉区 3 月中下旬至 4 月上旬的地膜平均增温效应（5 厘米地温）为 5.3℃，其中晴天为 8.5℃，阴天为 4.5℃，雨天为 3℃。采用营养钵地膜覆盖育苗时，根据地膜的增温效应，一般在气温稳定通过 12℃ 时即可进行播种育苗。通常时间在 4 月 1～10 日，以"清明"（4 月 5 日）前后抢晴播种比较适宜。

2. 根据前作确定播种期 一般育苗移栽的棉花苗龄以 30 天左右比较适宜，苗龄太短，幼苗太嫩，栽后易死苗缺株，增加了大田苗期管理难度；苗龄太长，又容易出现高脚苗或老僵苗，栽后缓苗期长，成活慢。因此，一定要根据前作的收获期正确安排棉花的播种育苗期。通常冬闲田移栽棉花，可在 4 月上旬抢晴播种；油菜田移栽棉花，油菜一般要到 5 月上旬收获，棉苗移栽期要到 5 月 10～15 日，播种育苗可适当推迟，以 4 月中旬播种比较适宜。

(四) 制钵播种

1. 物资准备

(1) 拱膜支架　按每 0.5 米距离 1 根拱架计算，每亩棉田苗床长度 10 米左右，应安排拱架 21 根。拱架长度要确保达到 2～2.1 米。

(2) 塑料薄膜　一般中膜（厚度 0.08 毫米）每平方米重量约 72.8 克，每亩棉田苗床实际用膜面积为 20 米^2 左右，重量约 1.5 千克，长度为 11 米左右（膜宽 2 米）。

(3) 制钵器　一般每 3～5 亩棉田配置一个制钵器，制钵器的规格要求直径达到 7 厘米，深度达到 10 厘米，使用太小的制钵器不利于棉苗根系的生长发育。

(4) 防虫剂　每亩棉田苗床应准备呋喃丹或涕灭威 200～300 克，防止蝼蛄、蚯蚓等地下害虫破坏营养钵，对苗床期蚜虫和红蜘蛛也有很好的防治效果。

(5) 消毒剂　一般每亩棉田苗床可选用 40% 多菌灵胶悬剂 20～25 毫升或 70% 甲基托布津可湿性粉剂 20～25 克进行苗床消毒。

(6) 苗床化学除草剂　每 2 亩棉田苗床准备 1 支床草净（2 毫升），或乙草胺 3～4 毫升。

2. 制钵摆钵

(1) 床面平整　制钵前，在预留的 2 米宽的苗床上，一边开 30 厘米宽、15 厘米深的苗床沟，沟土放置厢面，与事先培肥的营养土混匀，剔除石块、杂草，整碎整平，把床面整成宽 1.4

米、土厚 15 厘米的长方形土堆待制钵。

（2）床土湿润　制钵质量的好坏与钵土的含水量有密切的关系。钵土太湿，则钵体较紧，孔隙度太小，不利于发苗；钵土太干，则钵体太松，易破损，成钵率不高，移苗运苗时也易出现散钵死苗。钵土湿度以"手捏成团，齐胸落地即散"为宜，一般钵土含水量以 25％左右较好，正常情况下，可在制钵的前一天傍晚 1 米² 干苗床土浇水 50～100 千克，浇后盖膜保湿，待水分渗匀后，第二天进行制钵。

（3）制钵标准　制钵时要注意三个问题：一是要取满土，保证制出的营养钵有足够的长度；二是取满土后稍压紧土，再退钵，保证钵体完整；三是保证钵体松紧适度、一致。

（4）摆钵整齐　摆钵前，先在床底撒少量呋喃丹或涕灭威，防止地下害虫破坏营养钵，也可以把事先准备的呋喃丹与钵土拌均后再制钵。摆钵时要求做到五点：一是摆钵宽度以 1.2 米为宜，每行摆钵 17～18 个；二是钵面要摆齐平，对个别"矮子钵"就应稍微垫高，使钵面高低一致；三是钵体紧贴相依，错网摆成"梅花形"，充分利用苗床和薄膜，减少钵体之间的空隙，减少盖籽土；四是保蓄水分，要边摆钵边盖膜，防止暴晒和雨淋造成钵体破损；五是摆完钵后，要做好 10 厘米宽的土埂护钵。

（5）钵数达标　每亩棉田的制钵数量，要求按照计划密度150％确定制钵数量，一般要求每亩保证制足 2 500 钵。

3. 精细播种

（1）浇足底水　播种前，对营养钵洒足底水，保证种子发芽的水分供应。洒水时，不宜太多，否则会引起烂种死苗；也不宜太少，否则不能保证发芽的水分供应而影响出苗。以钵体潮湿为宜。

（2）精细播种　播种时，每钵播健壮种子 1 粒，棉籽尖头朝下。

4. 严格消毒　播完籽后，用已准备好的 40％多菌灵胶悬剂

20~25 毫升或 70％甲基托布津可湿性粉剂 20~25 克，对水 10 千克，进行一次钵面消毒，剩余的药液留作盖籽土消毒。

5. 均匀盖籽 钵面消毒后，用无杂草、无病害的碎土或山黄土进行盖籽，盖籽厚度要求达到 2~3 厘米，以全面覆盖营养钵看不到钵舷为宜，要求厚薄一致，平整均匀。盖土后稍加压实。然后进行盖籽土消毒，将钵面消毒所剩的药液喷洒在床面上。

6. 化学防草 盖膜前，用床草净 1 支或乙草胺 3~4 毫升对水 7.5 千克，均匀喷雾一遍即可，不宜多喷，不要重喷，以免产生药害。喷除草剂时，盖籽土不宜太湿，防止除草剂药液下渗接触棉花种子而影响发芽。

（五）苗床管理

1. 播种至出苗阶段 此阶段主要目的是促进棉籽早发芽。在管理上要创造良好的种子发芽条件，以保温保湿为主要措施，要求严密盖膜。此时期若遇晴热高温，应及时采取措施防止高温烧芽，通常可以进行拱膜通风，最好的方法是在膜面遮盖一层稻草等遮荫物，防止膜内温度过高而造成烧芽或烧苗。

2. 齐苗至现真叶 此时期往往是棉苗病害的发生高峰期，主要管理目标是防止苗病，主要工作措施是通风降湿、打药防病、适温长苗。齐苗后，及时进行通风，趁晴好天气适度进行晒床，及时喷洒波尔多液等保护性防病药剂，防止苗病的发生。若出现死苗现象，应及时喷洒 500~1 000 倍 40％敌克松可湿性粉剂或 500 倍 75％百菌清可湿性粉剂进行防治。晴天及时进行两头通风，随着温度的升高逐渐加大通风口，阴雨寒潮天气和晚上应关闭通风口保温。

3. 现真叶至二叶一心期 现真叶后，及时进行化控防高脚苗，用 5 克 15％多效唑对水 7.5 千克搅匀，一般可喷 2~3 亩棉花大田的苗床，既化控又防病。晴好天气应在四周增开通风口，一般晚上可以少留通风口或不关闭通风口，但遇低温寒潮天气仍然要进行闭膜保温。

4. 二叶一心至移栽　二叶一心后，应逐渐进行揭膜炼苗，3～4 真叶可以进行移栽。

二、棉田作畦与棉苗移栽管理模式

（一）棉田作畦和沟系配套

1. 标准作畦　整地作畦通常是结合棉田翻耕进行的，作畦时要注意方向和宽度：

（1）棉畦方向（行向）　以南北向为好，尽量选择南北行向，既有利于通风，又能有效地防止台风倒伏。

（2）棉畦宽度（行距）　以包沟 1.1～1.3 米为宜，一般土壤比较肥沃、水利条件比较好的棉田可适当宽些，土壤比较贫瘠、水利条件比较差的棉田就适当窄些。

2. 沟系配套　棉田沟系要实行"三沟配套"，围沟和腰沟宽40 厘米、深 40 厘米，畦沟宽 30 厘米、深 25～30 厘米，沟沟相通，确保下雨无明水、雨后无暗渍。

（二）棉苗移栽时间、苗龄和密度

1. 移栽的时间及苗龄　适时移栽要掌握两个指标：一个是温度指标，要求 5 厘米土温达到 18 ℃；另一个是苗龄，要求达到 3～4 片真叶，苗龄达到 30 天左右。根据这两个指标综合考虑，长江中下游棉区的棉花移栽时间，冬闲田以 5 月上旬为宜，油菜田以 5 月中旬为宜，要求在 5 月 15 日前结束移栽。

2. 合理密植

（1）平原洲地棉地　土质疏松肥沃，有机质含量高，土层深厚，通常棉株个体发育茂盛，植株高大松散，种植密度以 1 500

株/亩左右为宜。密度配制以行距 1.3 米、株距 0.34 米较为合适。

(2) 水改旱棉田　土壤比较肥沃，有机质含量比较高，对棉株的个体发育比较有利，通常棉株生长比较高大松散，种植密度以 1 600～1 800 株/亩为宜。密度配制以行距 1.2～1.3 米、株距 0.30～0.33 米为宜。

(3) 丘陵红壤旱地　土质相对比较贫瘠，有机质含量低，酸化板结比较严重，灌溉条件不好，生长发育相对较差，棉株个体通常比较矮小。对不同类型的旱地，应灵活安排种植密度：可以灌 2 次水以上的棉地以 1 800 株/亩为宜，密度配制为行距 1.2 米、株距 0.30 米；能灌 1～2 次水的棉地以 2 000 株/亩为宜，密度配制为行距 1.1 米、株距 0.30 米；完全没有灌溉条件的棉地以 2 200 株/亩左右为宜，密度配制为行距 1.0 米、株距 0.30 米。

(三) 棉苗移栽施肥及移栽方式方法

1. 施安家肥　安家肥也叫移栽肥，是壮苗快发、早搭丰产架的重要营养基础。安家肥要求速效，养分要齐全，通常以 45%（三个 15%）的复混肥作安家肥比较好。安家肥的数量要适量，用量过高，易伤苗，也易造成苗期生长过旺；用量太少则不利于发苗。一般每亩以 45% 复混肥 6 千克左右为宜。施用时要求做到均匀，在移栽时撮施于移栽穴底。

2. 移栽方式和方法　要求带尺带绳，按照预定的密度和规格，在已整好的棉畦中线进行定位打洞移栽。打好洞后，先撮施安家肥，每洞施 45% 复混肥 3～4 克，然后进行栽苗。栽苗时，要求大小苗分栽，栽紧栽稳，提高移栽质量，边起苗边栽苗，不栽隔夜苗，不栽露肩苗，不栽破钵苗，不栽病虫苗，不栽雨天苗。栽苗后，及时点施定根水，促进早活棵，缩短缓苗期。

3. 防止小地老虎伤苗　棉苗移栽后，在当天傍晚用 1 500 倍

2.5%的敌杀死进行全田（包括四周田埂）喷雾，防止小地老虎伤苗。

三、棉花大田管理模式

（一）苗期田间管理模式

1. 主攻目标　棉花苗期的主攻目标是：通过早栽早管等综合性促早发措施，实现"苗齐苗匀、早发健壮、植株稳健、发根较快，无僵苗、弱苗、病虫苗、高脚苗和草荒苗"的技术目标。

2. 长势长相

（1）栽后活棵早　缓苗期在 7 天以内，栽后 10 天内开始长出新叶。

（2）出叶速度快　棉株活棵后，每 4 天左右增长 1 片主茎叶。

（3）主茎日增量　苗期以发根为主，对主茎的生长不要求过快，主茎日增长量以 0.3～0.5 厘米比较适宜，现蕾前主茎日增长量不宜超过 0.5 厘米，要求矮壮稳健。

（4）倒四叶宽度　五叶期以后，测量倒四叶中部宽（通过叶片基部到中裂片顶 1/3 处的叶片宽度），当叶宽小于叶长表示苗势弱，叶宽大于叶长表示苗势强。生长正常的棉苗倒四叶宽随叶片数增加而扩大，通常可用 [(1.1～1.2)×叶片数]（厘米）这个经验公式衡量倒四叶宽度，但不同的品种类型略有区别。

（5）叶面积系数　正常棉花苗期叶面积系数在 0.03～0.04之间为宜，以后随着生长发育进程的推进而逐渐加大，至现蕾时约为 0.1 左右。

（6）叶色　叶色是棉株碳、氮营养代谢状况在外部形态上的表现，是棉花苗期重要的长势长相衡量指标。活棵后，叶色逐渐转深，用水稻专用比色卡观察倒五叶，叶色由活棵后的 2～2.5

级提高到现蕾前的 3～3.5 级。

（7）红茎比例　正常棉株苗期的红茎比例以红绿各半，即 5∶5 或 6∶4 为宜。

3. 田间管理要点

（1）早中耕灭茬　棉田中耕有五大好处，一是松土破板结作用，有利于土壤通气，促进根系生长；二是消灭杂草，减少土壤养分的消耗和杂草对棉苗的荫蔽，防止草荒苗；三是有利于土温回升；四是有利于土壤微生物的活动，加快土壤养分分解速度；五是有利于土壤保墒，破坏土壤毛细管，减少土面水分蒸发。

移栽棉活棵后，要及时进行中耕，苗期中耕确保不少于 2 次，要求达到土壤无板结、田间无杂草。中耕时应做到先浅后深，苑边浅、行间深，注意（活棵后）第一次中耕千万不要锄动营养钵，以免新根受损。

为了有效防止杂草再生，中耕后可以结合进行化学除草，一般每亩用 5％乙草胺乳油 75 毫升对水 25～30 千克进行土面喷雾，可以有效地防止杂草。

（2）早查苗补缺　移栽棉活棵后及时进行查苗补缺，发现缺穴死苗，应及时利用预备钵苗进行补栽，浇足活棵水，确保全苗。

（3）早追提苗肥　活棵后 5～7 天，普施一次提苗肥，一般亩施腐熟的稀薄水粪或沼液肥 6～10 担点苑，促苗早发；7～10 天后再针对瘦弱苗追施一次平衡肥，亩点施腐熟稀水粪或沼液肥 3～5 担，促平衡生长。

（4）早清沟排渍　苗期通常阴雨天气多，棉苗渍害严重，通气性不好，常常引发苗病，根系发育受抑，造成弱苗迟发。因此，棉苗移栽后要及时清沟排渍，降低土壤水分，保证棉苗根系的正常发育。

（5）早防病虫害　棉花苗期主要病虫害有立枯病、炭疽病、棉疫病、小地老虎、棉盲蝽、棉蚜虫、棉蓟马、棉红蜘蛛等。要针对性地及时用药进行防治。

(二)蕾期田间管理模式

1. 主攻目标　棉花蕾期的主攻目标是：在壮苗早发的基础上，早搭丰产架，调节棉株体内碳、氮营养代谢，促进棉株营养生长和生殖生长的平衡发展，搞好营养生长向生殖生长的平稳过渡，实现稳长增蕾，克服"稳而不发"和"发而不稳"的两个极端，达到壮而不旺、发而不疯的高产目标。

2. 长势长相

(1) 主茎日增长量　蕾期主茎日增长量的动态，现蕾期以1.5~2厘米为宜，盛蕾期以2~3厘米为宜，初花期不宜超过3.5厘米。

(2) 果枝着生节位　第一果枝着生节位一般为7~8节，第一果枝高度一般在10厘米以内。

(3) 叶面积系数　现蕾时0.3左右，盛蕾期上升至1.0左右，初花时可达到1.5~2.0。

(4) 主茎出叶速度　现蕾时主茎出叶速度为4天左右一片叶，盛蕾期为3.5天一片叶，以后逐渐加快到3天左右一片叶。

(5) 果节日增长量　现蕾期为0.5~1.0节/天，盛蕾期后逐渐加快至1~1.5节/天，至初花时可达到2节/天左右。

(6) 叶色及叶位　现蕾后叶色逐渐加深，盛蕾初花期叶色可达到3.5~4级。顶部叶位，现蕾期为（43）21（第三、四叶平齐，叶距小于0.5厘米），平顶不下陷也不冒尖；初花期叶茎顶平齐略尖，叶位为（321）4或（32）14。

(7) 倒四叶宽　进入蕾期后，倒四叶宽从12厘米逐渐增宽，一般每增长一片叶，叶宽增加0.5厘米左右，可按公式 [（1.1~1.2）×叶片数] 厘米计算。

(8) 红茎比例　现蕾后，主茎红色部分应逐渐增加，约占2/3（60%~65%），不足2/3的为旺长，超过2/3的为弱苗。

3. 田间管理要点

（1）及时打叶枝　及时打叶枝具有多方面的好处，一是可以有效地减少养分消耗；二是可以改善棉株基部的通风透光条件，有利于减少棉株病害；三是可以有效地控制营养生长，调节营养物质的运转与分配；四是可以有效地减轻红蜘蛛、棉蚜虫、棉盲蝽等害虫的危害。

打叶枝总的要求是做到"枝不过寸，芽不放叶"，打早、打小、打尽。其方法是：在棉株现蕾后，将第一果枝以下的叶枝全部打掉。打掉的叶枝应带出田外，以减少虫源。

当田间出现缺穴时，可在靠近缺穴方向留出一个叶枝，让其代替缺穴棉株的生长；当棉株出现"多头苗"时，可留一个健壮顶芽代替主茎生长；当边缘棉株遗漏叶枝已现蕾时，可以进行"改造二流子"，即在叶枝上留下 3～5 个节，将上面部分剪除。

（2）及时埋蕾肥　蕾肥也称"当家肥"，是棉花一生中最重要的一次肥料。若蕾肥的养分不齐、数量不够，往往难于搭建丰产架，若氮素过头、数量过多，则往往造成蕾期疯长。因此，埋施蕾肥要抓住三个关键性问题：

一是蕾肥的埋施时间：通常埋蕾肥的时间多在 6 月中旬前后，一般是当棉田大部分棉株第四层果枝现蕾、苗高达 35 厘米左右时埋施蕾肥比较合适。但是对于个别弱苗和红壤旱地棉花，埋蕾肥时间可以适当提前 5～7 天，对一些苗势较旺的棉花，埋蕾肥可以适当延迟 5～7 天。

二是肥料的种类和数量：蕾肥的种类是以有机肥和磷钾肥为主，在搭配上要做到有机肥和化肥结合、氮磷钾结合、大量元素与微量元素结合、长效肥与速效肥结合。一般每亩施用饼肥 50千克、钙镁磷肥 40 千克、氯化钾 15 千克、尿素 7.5 千克、硼肥（含量 17％）200～400 克、硫酸锌 500 克进行混合埋施。

三是蕾肥的埋施方法：蕾肥的埋施方法有三种，一种是开沟埋施，即在离棉株 20～30 厘米处沿棉畦开一条 10～15 厘米深的埋肥沟，将已配好的肥料拌匀后施于埋肥沟内，再进行覆土；另一种是打洞埋肥，即在棉畦一边每两棵棉株中间挖一个埋肥洞，将肥料施于洞中再覆土；还有一种就是利用锹背缝埋肥，即是在棉畦一侧两棵棉花中间用铁锹横向锹入土中，然后将锹柄向前平推出背缝，沿锹背缝施入肥料后，即将铁锹拔出。

（3）及时巧化控　蕾期化控有很多好处，可以控制棉株长势，调节植株营养，塑造理想株型，还能有效地提高叶片中叶绿素含量，提高光合效能。一般在埋施蕾肥后的 5～7 天，除个别弱苗外，都应进行一次适度化控。

对长势较旺的棉花，每亩用 25％助壮素 4 毫升对水 25 千克喷雾棉花全株；对长势正常的棉花，每亩 25％助壮素 3 毫升对水 25 千克喷雾棉花全株；对长势一般的棉花，每亩 25％助壮素 2 毫升对水 25 千克喷雾棉花全株；对长势较差的棉花则不宜进行化控。

化控时要做到均匀一致，不重喷、不漏喷。

（4）及时防病虫　棉花蕾期主要的病虫害有：枯萎病、棉红蜘蛛、棉蚜、棉盲蝽等，应针对性搞好综合防治。

（三）花铃期田间管理模式

1. 主攻目标　花铃期的主攻目标是：伏前桃压脚，稳搭丰产架，推迟封行期，蕾铃脱落少，健壮不早衰，伏桃挂满腰。达到"五桃入伏，三桃齐结，伏桃满腰，秋桃盖顶，桃大桃多，伏秋各半"的超高产目标。

2. 长势长相

（1）主茎日增长量　初花期以 2.5～3 厘米为宜，盛花期以 2～2.5 厘米为宜，盛花后至打顶阶段以 1.5 厘米左右为宜。

（2）顶部叶位　初花至盛花期，正常株高的棉株茎顶基本平齐，顶部四叶的叶位排序为：初花期为 4321，盛花期下降为 3214，并持续到盛花以后，直到打顶。此时茎顶冒尖，表示缺水或缺肥，茎顶下凹表示肥水充足。

（3）顶部花位　花位是指正在开花的最高一层果枝自上而下所处的果枝塔数，是反映棉株长势长相的一个重要指标。一般稳长的棉株花位动态为：初花期正常花位为9塔，花铃盛期为8～9塔，打顶前为8塔。如果超出这个指标，说明营养生长势旺，如果低于这个指标，则说明营养生长势弱。

（4）果枝日增长量　初花期3天左右长出一层果枝，花铃盛期后，减缓到每5天左右出现一层果枝。

（5）果节日增长量　初花期至盛花期可达到1.5～2节/天，盛花期后下降为1.5节/天左右，打顶前为1节/天左右，打顶后为0.6～1节/天。

（6）蕾铃日增长量　花蕾日增长量，初花期1.3～1.7个/天，平均1.5个/天左右，盛花期1～1.2个/天，打顶后0.8～1个/天。成铃日增长量，花铃初期为0.2～0.3个/天，花铃盛期0.8个/天左右，打顶后为0.4～0.5个/天。

（7）叶色变化　棉株开花结铃后，由于对营养的需求量增加，叶片内大量养分被消耗，叶色逐渐下降至3级，盛花期下降为2.5～3级，盛花后，当棉株下部坐住1～2个大桃时，叶色又开始转深到3.5～4级，进入吐絮期，叶片开始衰老，叶片中贮藏的营养物质转运到棉铃中再利用，叶色又下降为3级，以后叶色逐渐落黄。

（8）叶片大小　初花期倒四叶宽达到最大宽度，一般可达15厘米左右，以后逐渐缩小，盛花期下降至13厘米左右。

（9）红茎比例　初花期至盛花期，红茎部分约占60%～80%，以后由于生长势渐弱，红茎比例也逐渐增大，盛花后接近90%，棉株上部保持在10厘米左右的嫩头，维持到始絮。

3. 田间管理要点

（1）适时重施花铃肥　花铃肥是棉花超高产栽培必不可少的一次关键性肥料，一般以氮肥和钾肥为主，适当配合饼肥。花铃肥施用时间的迟早和数量的多少，对棉花产量都有很大影响。因此，掌握好肥料的种类搭配、数量以及施用时间非常重要。

花铃肥一般每亩用尿素 20～25 千克、氯化钾 10 千克、饼肥 20 千克混合埋施。

花铃肥的埋施时间，既不能过早，也不能太迟，一定要适时。如果埋肥时间过早，很容易引起棉花旺长而导致大量蕾铃脱落；施用过迟的话又会造成花铃期肥料脱节而导致早衰。所以掌握花铃肥埋施的适当时间非常关键。一般以棉株基部果枝坐住 3～5 个硬桃时施用比较适宜，通常时间在 7 月上旬。无灌溉条件的早发棉花，花铃肥的埋施时间可以适当提前到 6 月底至 7 月初。

（2）适时灌水防干旱　棉花"抗旱"与"防旱"是两个不同的概念。也就是通常所说的"灌救命水"和"灌丰收水"的区别。棉花超高产栽培要求灌丰收水而不灌救命水，一定要抢在"旱象"出现之前进行及时灌溉。棉株一旦出现"旱象"，说明棉株已经受旱，对棉株的结铃已经造成了不利影响，棉花产量已经受到了损失。因此，灌水的时间指标，应比传统指标提前 2～3 天。以保证棉花在整个花铃期始终保持较为旺盛的长势，尽最大努力延长结铃高峰期和有效结铃期。

灌水的方法应做到三点：一是提倡沟灌，反对大水漫灌；二是提倡夜灌，反对晴热高温中午灌水；三是提倡湿润灌溉，反对屯水过昼。

对无灌溉条件的棉地，可以采用以下二条有效的防旱措施：

一是雨季结束后，及时在畦沟中打"竹节档"，减少雷阵雨后的地表径流，增加棉地土壤的蓄水量，达到蓄水抗旱的目的。

二是在伏秋干旱季节对棉畦进行秸秆覆盖，减少棉田土壤水分的蒸发量，达到保墒抗旱的目的。

（3）适时施用盖顶肥　盖顶肥是以氮肥为主，作用十分重要，是实现"秋桃盖顶"的重要措施。在花铃肥施用 25 天后，就应该施用盖顶肥。一般在 8 月上旬初，结合灌溉进行。即在灌水之前，每亩用尿素 15 千克，傍晚撒施于畦沟中，然后晚上进行灌溉。也可以在灌水的第二天下午趁潮将 15 千克尿素撒施于畦沟中，但肥效以先施肥后灌水的为高。

（4）适时打顶抹赘芽　适时打顶心，可以人为地控制棉株向上生长，避免出现无效果枝，使中下部果枝上的蕾铃能得到更多的养分供应，提高中下部果枝的结铃强度。同时，可以促进顶部果枝拉开，充分发挥顶部 6 层优势果枝的增产作用。通常高产棉田顶部 6 层果枝结铃总数可以达到 30 个左右，约占单株结铃总数的 50%。

打顶心的时间要灵活掌握：水肥条件好、长劲足的棉花打顶心的时间可以适当推迟；相反，水肥条件差、长势弱的棉花打顶心的时间应适当提早。一般平原洲地和水改旱棉花，打顶心时间以 8 月 5～10 日（立秋前后）为宜；丘陵红壤棉区和水利无保障的棉花，打顶时间可以提前到 7 月下旬至 7 月底。总之，打顶后，要保证顶部第一果枝能拉开 5～7 个果节。拉得太长，说明打顶心时间偏早，没有拉开，则说明打顶心时间偏迟。

打顶心后，由于棉株的顶端优势被打破，再加上中下部铃已经成熟，消耗的养分相对减少，棉株中下部腋芽萌发加快，形成赘芽，如不及时抹除赘芽，不仅会造成棉株体内有机养料的消耗，还会引起棉株中下部荫蔽，加剧病虫害的发生，造成烂桃。因此，在打顶后要及时抹赘芽。

（5）适时化控防荫蔽　打顶心后的一次化控，能有效地控制顶部果枝的长度，防止棉株中下部荫蔽，减少铃病的发生。同时，还可以调节棉株体内养分分配，增强棉株的光合生产能力，增加铃重，提高产量。

一般在打顶心后 7～10 天（8 月 15 日前后），当棉株顶部第一果枝长出 3～4 个果节、长度达 10～15 厘米时，亩用 25% 助壮素 5 毫升对水 30 千克喷雾棉株上部。防止顶部果枝过分伸长而造成荫蔽烂桃，抑制赘芽生长，促进棉铃养分的集中供应。

（6）适时防治病虫害 棉花花铃期的病害相对较少，但是虫害比较严重。这阶段为害棉花的主要害虫有：棉红蜘蛛、斜纹夜蛾、甜菜夜蛾、棉铃虫、红铃虫、叶跳虫等，要根据各种虫害的发生情况，按照防治标准，及时进行针对性防治。

（四）吐絮期田间管理

1. 主攻目标 嫩到 9 月半，国庆不早衰，桃多不贪青，霜前产量高。达到 10 月中旬吐絮过半、早秋桃比例占秋桃总数的 75％以上、霜前花比例 85％以上、烂桃僵瓣率控制在 5％以下、皮棉亩产 150 千克以上的超高产目标。

2. 长势长相

（1）叶色 始絮期棉株基部 4～5 片主茎叶颜色退淡，中上部主茎叶保持绿色，叶色 3 级左右；9 月底后，基部主茎叶自下至上逐渐变黄，至 10 月上中旬，整块棉田叶片上绿下黄，至 10 月底棉田叶色整体退淡变黄。

（2）叶面积系数 吐絮初期叶面积系数为 2.5～3，以后逐渐下降。

（3）蕾、花、铃状况 下部果枝开始吐絮时，上部果枝继续现蕾、开花、结铃，形成"絮托花"的态势，至 10 月上旬有一半左右棉铃开始吐絮，亩成铃总数达 8 万个左右。

（4）顶部果枝长势 顶部第一果枝果节达 5～7 节，长度30～40 厘米，成铃数达 5 个左右。

（5）棉株的正常衰退 9 月底以后，棉株逐渐正常衰退。

3. 田间管理要点

（1）补施壮桃肥 壮桃肥的作用主要是为顶部果枝的中后期棉铃发育提供必需的营养，是棉花超高产的一项重要技术措施。施用时间和施肥数量，可以根据棉花的长势而灵活掌握。

长势较差、顶部花铃较少的棉花，施肥量应适当减少，施用时间也应适当提前，一般在 8 月 20～25 日亩用尿素 5～7.5 千克，结合抗旱撒施于畦沟中。

长势较好、顶部花铃较多的棉花，施肥量应适当增加，施用时间也应适当推迟，一般在 8 月 25～30 日亩用尿素 10 千克左右，结合抗旱撒施于畦沟中。

（2）抗旱防早衰　9 月份以后，随着气温的逐渐下降，棉花的耗水量也逐渐减少，为了确保后期棉铃的正常发育，必须保证一定的水分供给。如遇久旱不雨，应及时进行抗旱，防止棉花因干旱而早衰。正常情况下，在 10 月上旬前，必须保证棉田土壤潮湿，以利于顶部棉铃的正常发育。

（3）综合防烂铃　超高产棉花生长后期，往往会有一定程度荫蔽现象，遇上秋雨连绵天气，很容易发生荫蔽烂桃，严重影响产量和品质。防止棉花烂铃，应采取以下综合性措施：

第一，及时剪空枝、打老叶、摘边心，减轻棉田荫蔽，改善通风透光条件。

第二，及时清沟排渍，降低田间湿度，创造不利于铃病发生和扩散的环境。

第三，加强棉铃虫、红铃虫等钻蛀性害虫的防治，减少棉铃的机械损伤，减少铃病侵入的途径。

第四，及时喷洒防治铃病的化学农药，控制和减轻铃病的发生。

（4）把住虫害关　棉花进入吐絮阶段，上部仍在继续现蕾、开花、结铃，棉株仍然具有相当长的嫩绿时期，棉铃虫、红铃虫、斜纹夜蛾、红蜘蛛、叶跳虫等害虫仍然在继续威胁棉花。因此，防虫灭虫工作丝毫不能松懈，一定要按照防治标准针对性搞好防治。

（5）防贪青晚熟　吐絮后期，随着气温的逐渐下降，往往还会有一定数量的晚熟棉铃不能正常开裂，为了加快这一部分晚熟棉铃的成熟吐絮，可以使用乙烯利、氯酸镁等化学脱叶催熟剂进行化学催熟。使用时间及方法，详见本书第七章第四节第四部分中的"后期化学脱叶催熟"内容。

主 要 参 考 文 献

[1] 中国农业科学院棉花研究所等．中国棉花栽培学．上海：上海科学技术出版社，1983

[2] 江西省农牧渔业厅经济作物生产处．江西棉花．南昌：江西科学技术出版社，1992

[3] 中国农业科学院棉花研究所等．优质棉丰产栽培与种子加工．石家庄：河北科学技术出版社，1990

[4] 刘献国等．棉花高产看苗与营养诊断．南昌：江西科学技术出版社，1986

[5] 中国农业科学院棉花研究所等．棉花优质高产的理论与技术．北京：中国农业出版社，1999

[6] 高祥照，申眺，郑义等．肥料实用手册．北京：中国农业出版社，2002

[7] 张天真，靖深蓉，金林等．杂交棉选育的理论与实践．北京：科学出版社，1998

[8] 汪若海等．优质棉生产技术．北京：农业出版社，1988

[9] 徐楚年等．棉花．北京：科学普及出版社，1983

[10] 彭克明，裴保义等．农业化学．北京：农业出版社，1980

[11] 西北农学院等．农业昆虫学．北京：农业出版社，1981

[12] 高祥照，马常宝，杜森．测土配方施肥技术．北京：中国农业出版社，2005

[13] 南京农学院，江苏农学院等．作物栽培学．上海：上海科学技术出版社，1980

[14] 廖振风等．蔬菜反季节高效栽培技术．南昌：江西科学技术出版社，2000

图书在版编目（CIP）数据

长江中下游地区棉花超高产栽培理论与实践／陈齐炼，
徐会华编著．—北京：中国农业出版社，2008.5
ISBN 978-7-109-12457-8

Ⅰ. 长…　Ⅱ.①陈…②徐…　Ⅲ. 棉花-栽培　Ⅳ. S562

中国版本图书馆 CIP 数据核字（2008）第 028902 号

中国农业出版社出版
（北京市朝阳区农展馆北路 2 号）
（邮政编码 100125）
责任编辑　舒　薇

北京中兴印刷有限公司印刷　新华书店北京发行所发行
2008 年 6 月第 1 版　2008 年 6 月北京第 1 次印刷

开本：850mm×1168mm　1/32　印张：8.125　插页：3
字数：202 千字　印数：1～5 000 册
定价：18.00 元
（凡本版图书出现印刷、装订错误，请向出版社发行部调换）